——可愛娃娃服飾裁縫手藝集——

DOLL OUTFIT STYLE

F4*gi

楓書坊

前言

成了大人之後，就少了許多穿上可愛洋裝的機會。

但在製作給娃娃穿的可愛洋裝時，

體會到了親手打造小巧精緻的世界是多麼美妙。

透過自己的雙手製作，

竟能帶來這麼多意想不到的樂趣。

本書就是為了傳遞這些樂趣而寫成。

不只是普通地幫娃娃更衣，

依照不同季節或場合，

將洋裝在小巧的支架上變換搭配，

可以作為室內空間的裝飾或季節小物，

也非常適合拍照上傳至社群網站，向世人分享。

如果能催生出獨一無二的創意，

我們也會感到非常榮幸。

回想起童年時熟悉的玩娃娃遊戲，

雖然無法真的回到過去，

但光是回憶那樣耀眼的時光，

都覺得純粹又使人愛憐。

現在就藉由設計與縫製娃娃的洋裝，

一同踏上時空旅程，再次前往那段讓人嚮往的時光吧！

在此也要對購入這本書的讀者，

以及給了我們F4*gi這樣的機會、提供許多幫助的朋友們，

致上由衷的感激。

F4*gi

目次

SPRING 春

SUMMER 夏

AUTUMN 秋

細緻蕾絲禮服
黑色蕾絲紗裙

甜美蕾絲睡衣
睡帽

WINTER 冬

浪漫羊毛圈紗大衣
紙袋

經典露肩禮服
白色及膝長襪

閃亮澎裙小禮服
腰間花飾

SPRING 春

復活節
EASTER

小精靈童話馬甲　▶製作方式P. 45　紙型P. 85

胸口部分以小片布料相拼而成，製造立體效果。以淡粉色調整平衡，增添浪漫感。

粉紅色燈籠襯褲　▶製作方式P. 63　紙型P. 85

P. 13「白色燈籠襯褲」的短版襯褲，穿在襯裙底下會被遮住。

薄紗芭蕾裙撐　▶製作方式P. 62

使用六層薄紗製造份量感，宛如芭蕾舞裙般的裙撐。搭配馬甲則變成俏麗的馬甲洋裝。

野餐
PICNIC

蕾絲立領罩衫　▶製作方式**P. 67**　紙型**P. 86**

強調蕾絲立領及泡泡袖。由於是短版襯衫，可以俐落地將下擺收進褲子裡。

荷葉邊吊帶褲　▶製作方式**P. 52**　紙型**P. 95**

重點為肩帶上的大荷葉邊。沒有蕾絲等裝飾，使用1種布料就能完成。

裝飾用竹馬　▶製作方式**P. 68**　紙型**P. 85**

拍照或裝飾時，可與服裝一同搭配的時髦小物。可使用蕾絲或緞帶等喜歡的材質製作。

烹飪
COOKING

女孩風泡泡袖洋裝 ▸製作方式P. 63　紙型P. 86

設計簡單的洋裝，亮點是布料上的印花。鮮紅的衣領成為整體造型的重點。

復古風可愛圍裙 ▸製作方式P. 64　紙型P. 87

由2種不同尺寸的棉布格紋組合而成的圍裙，荷葉邊的裙擺線條帶有復古氛圍。

連指烹飪手套 ▸製作方式P. 66　紙型P. 87

使用和圍裙相同的布料，製作出小巧的烹飪手套。在開口處稍稍可見的布料和蝴蝶結，都統一以鮮紅色完成。

SUMMER 夏

愛麗絲夢遊奇境
ALICE WORLD

經典愛麗絲洋裝 ▶製作方式P. 36 紙型P. 86

「愛麗絲夢遊奇境」中，主角愛麗絲所穿的洋裝。和圍裙成套搭配，簡直就像從繪本裡跳出來一樣。

白色蕾絲圍裙 ▶製作方式P. 42 紙型P. 88

和愛麗絲洋裝搭配時，圍裙的蕾絲不會蓋住洋裝裙擺，是兩者都能清楚看見的長度。

白色燈籠襯褲 ▶製作方式P. 48 紙型P. 88

裙擺下蕾絲稍稍可見，是經典又時尚的內襯。亦可使用不同顏色、不同布料多製作幾件交替搭配。

條紋及膝長襪 ▶製作方式P. 50 紙型P. 93

將針織布料捲起縫合而成的簡單設計。為搭配服裝，可以多做幾雙不同顏色、不同花紋的款式。

花園派對
GARDEN PARTY

碎花剪裁連身裙　▶製作方式**P. 70**　紙型**P. 89**

以5塊碎花布料縱向拼接縫合，強調立體剪裁線條的洋裝。傘狀的裙襬也自然地展開漂亮線條。

AUTUMN 秋

萬聖節
HALLOWEEN

細緻蕾絲禮服　▶製作方式 P. 72　紙型 P. 85

和 P. 07 的馬甲製作方式相同。加入大量蕾絲和蝴蝶結，營造出華麗的氛圍。

黑色蕾絲紗裙　▶製作方式 P. 74

蕾絲裙外層搭配紗裙，提升裙擺的張力和份量，再與「細緻蕾絲禮服」層疊搭配成晚宴禮服。

夜晚時分
NIGHT TIME

甜美蕾絲睡衣 ▶製作方式P.75 紙型P.90，91

輕薄柔軟的白色布料上，和淺色緞帶搭配的蕾絲層層交疊。想必會做個浪漫的夢吧。

睡帽 ▶製作方式P.78

圓形剪裁的布料僅以鬆緊帶穿過，即可簡單製成。使用和睡衣相同的蕾絲和緞帶搭配成套。

WINTER 冬

購物
SHOPPING

浪漫羊毛圈紗大衣 ▶製作方式P. 80 紙型P. 92

以蓬鬆柔軟的羊毛圈紗製成的A字型大衣。衣領和大衣縫入蕾絲內襯，營造出優雅又甜美的女孩風。

紙袋 ▶製作方式P. 79

可使用印有花紋或圖樣的紙，簡單做出獨特的紙袋。

劇場
THEATER

經典露肩禮服　▶製作方式 P. 82　紙型 P. 93

以3種黑色布料組合而成的優雅禮服，裙面部份使用具有張力的布料，因此僅用1層也能表現出澎裙的線條。

白色及膝長襪　▶製作方式 P. 84　紙型 P. 93

襪口以蕾絲點綴，塑造出正式的外出感。可配合洋裝挑選適合的顏色做搭配。

聖誕節
CHRISTMAS

閃亮澎裙小禮服　▶製作方式P. 56　紙型P. 94

裙面上下抓皺縫起，完成具有澎裙感的短禮服。以紗質＋緞面的組合營造華麗感。

腰間花飾　▶製作方式P. 84

使用蕾絲、蝴蝶結，以及人造花等元素製成的花飾，加入與禮服相同的素材，展現出一體感。

BASIC LESSON

基本道具

本章將介紹製作娃娃服裝以及小物時，幾項必要的基本道具。
除了平常使用的裁縫道具外，也有製作小尺寸作品時非常方便的道具，
因此在前置作業階段請務必備齊。

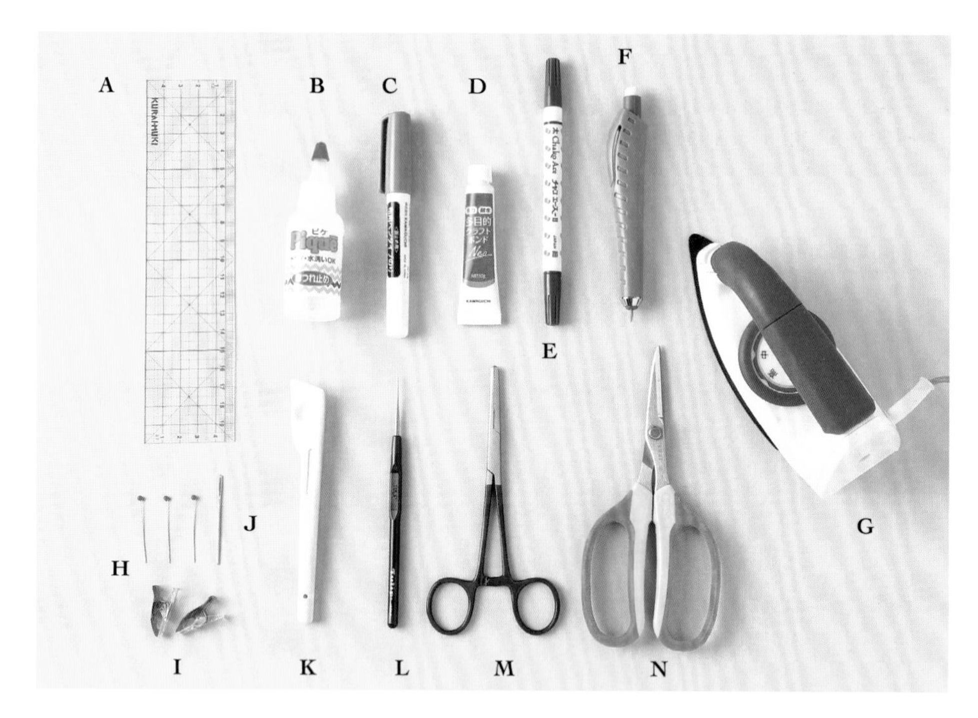

A 尺

在沒有紙型時使用尺來描製直線，或用於測量及確認尺寸。推薦使用手工藝專用的超薄方格尺。

B 防散口膠水

塗在裁切面上，防止布料或緞帶斷面散開用的膠水。小尺寸作品的縫份狹窄，因此處理縫份時不使用人字型縫機或平縫機，而多使用防散口膠水加工處理。

C 手工藝用口紅膠

細小的部分，以口紅膠代替珠針暫時固定，十分便於縫合。筆狀款式使用非常方便。

D 手工藝用接著劑

製作服裝以外的小物時，如遇蕾絲或細小裝飾，可使用手工藝接著劑。可用於布料、塑膠、金屬等各種材料。

E 消失筆　F 布用自動粉土筆

在布上描製紙型或作標記時使用。消失筆有遇水消失的類型（水消筆）和時間過了會消失的類型（氣消筆），盡量選擇可以描出細線的款式。布用自動粉土筆的筆芯如果夠尖也可描出細線，非常方便。

G 熨斗

用於作業前熨平布面的皺褶、整理布紋，或是作品完成後調整形狀時使用。建議選用尺寸小巧的熨斗。

H 珠針　I 手工藝用固定夾

珠針盡量挑選細針款式，才容易固定剪裁得細窄的部分。遇重疊數層又具厚度的部分時，也可使用手工藝用固定夾。

J 縫針

能比一般的鬆緊帶穿繩器更輕鬆地穿過細小的部分，用於將鬆緊帶穿過娃娃服裝的腰際部分時非常方便。

K 縫份骨筆

壓折布的邊線或縫份時代替熨斗使用的工具，也可以使用和式裁縫常用的篦子代替。

L 打孔錐

將從背面縫合的布料翻正時，能漂亮地將轉角推出來。用於小尺寸服裝作品時推薦極細的款式，使用縫紉機時也可以用來壓住固定布料。

M 手工藝用鉗子

將細長或窄小的部分翻回正面時非常好用。鉗子前端不尖銳，可以在不損傷布料的情況下確實地夾住。

N 手工藝用剪刀

為順利剪開細小的部分，建議挑選小巧好用的款式。

關於縫紉機

雖然也可直接手縫，但使用縫紉機進行縫製作業會更輕鬆。若使用現有的縫紉機，也可藉由挑選、改變壓布腳或針板的規格，更加輕鬆地縫製出漂亮的作品。如選擇手工縫製，則建議以針距精細的平針縫法縫製。

○縫紉機的挑選方式

雖然一般的家用縫紉機也能進行縫製，但還是推薦使用馬力和耐久性兼優的職業用縫紉機。職業用縫紉機專為縫製直線特製，能縫出漂亮的縫線。此外，職業用縫紉機的壓布腳分有5㎜（照片中左側）或1㎜（照片中右側）等，因此更能準確、俐落地縫製。如有打算購入新縫紉機，不妨考慮看看。

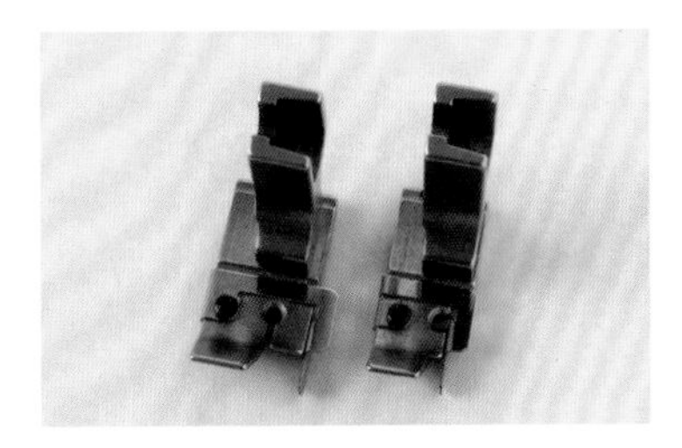

職業用縫紉機壓布腳
SUISEI 彈簧導件壓布腳

使用家用縫紉機的時候……

● 壓布腳

雖也可以直接使用縫製直線用的壓布腳，但更推薦也能使用於布章車縫等功能的「前開式壓布腳」。由於壓布腳前端有寬大的開口，可以清楚看見完成的縫線，也能貼著布邊縫出漂亮的曲線。

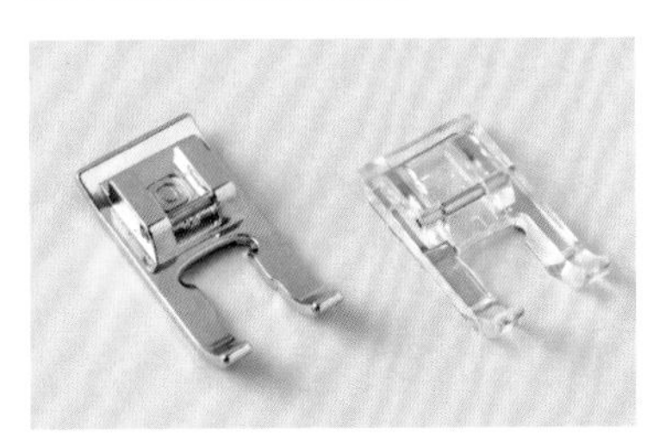

● 針板

比起人字型縫紉機的標準針板（下圖左），直線用針板（下圖右）中落針部分的洞口較小，車縫較薄布料或細小的部分時，布料下沉的程度較小，落針的偏移也會比較少，甚至也能更輕鬆地更換針板。

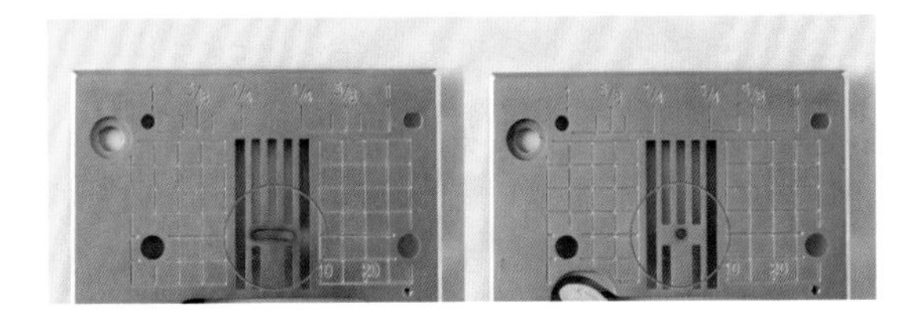

● 車縫線

車縫線使用80號或90號的聚酯纖維線，適合車縫於較薄的布料。顏色則搭配布料質地，選用不顯突兀的色彩縫製即可。

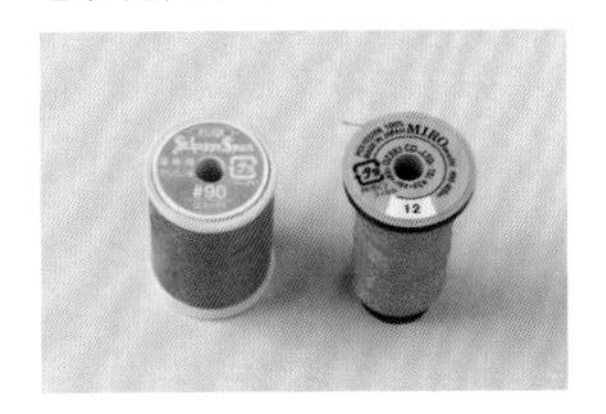

● 關於針距的長度

基本針距設定為1.4㎜～1.6㎜（下圖左）。在車縫開始和結束時，務必要倒縫回針。但車縫抓皺線時，如針距過窄會難以車縫，因此將針距設定為2.5㎜（下圖右）。由於抽碎褶時須拉緊上線，車縫完成時不需倒縫回針，並在縫線的開始處和結束處都留下稍長的線頭。

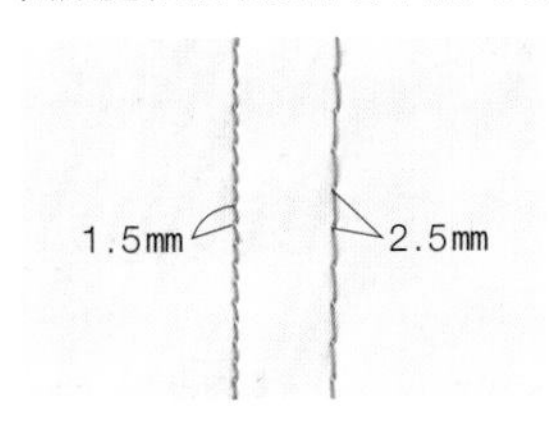

● 車針

車針的號碼愈小針就愈細，號碼愈大針則愈粗，可配合布料的厚度選用。若是偏薄至普通厚度的布料，可選用9號車針，偏厚的布料則可選用11號車針。

● 關於上下線的鬆緊度

車縫時上下線互相拉扯的程度稱為上下線的鬆緊，如任一方拉力過強，會導致縫線歪斜，布面也會被拉扯成不平整的狀態。因此要將上下線的強度調整均等，才能在正反面都縫出漂亮的縫線。更換車縫布料時，也須先以多餘的布料試縫，再正式開始縫製。

紙型的使用方式

本章將介紹如何使用P.85起收錄的紙型。
選擇合適的紙型，學習怎麼正確使用吧。

◯紙型的選擇方式

紙型依照S（20㎝）、M（22㎝）、L（27㎝）的娃娃尺寸編排。可參考右表，選擇合適的尺寸製作。胸圍或腰圍等細微差異，可改變釘釦位置或鬆緊帶長度進行調整。

紙型尺寸	娃娃種類
S	Middie Blythe娃娃、額頭妹娃娃等
M	Neo Blythe娃娃、LICCA莉卡娃娃等
L	JENNY珍妮娃娃、Momoko桃子娃娃等

◯紙型記號的讀法

● 作品名稱的簡稱

將作品名的簡稱寫在紙型上，這樣就算紙型已被裁切分散，也能知道是什麼作品的紙型。

● 紙型裁片的名稱和數量

標示出尺寸及裁片名稱，方便顯示屬於作品的哪一部分，以及所需要的數量。一般來說只需一份紙型，就能在布料上依指定的數量轉描紙型裁片裁出。

● 縮邊記號

以紙型印有「圓圈」標記的邊線為中央線，裁出左右對稱的裁片（標記縮邊記號紙型的描法請參考P.31）。

● 布紋方向

將箭頭方向配合布料的縱向方向擺置紙型。

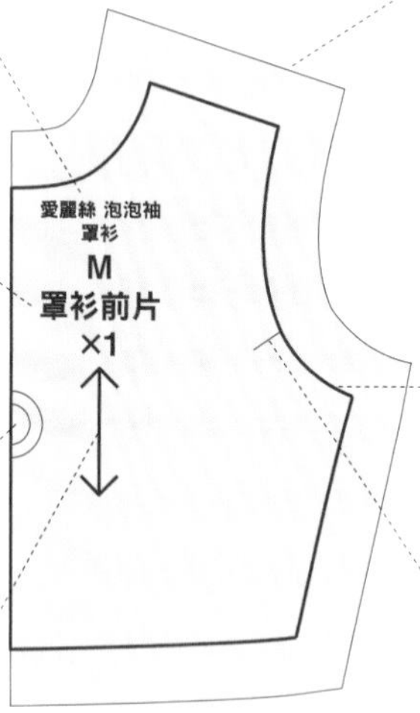

愛麗絲 泡泡袖
罩衫
M
罩衫前片
×1

● 縫份線

由完成線向外擴張0.5㎝畫線，沿此線裁剪布料。由於不會使用人字型縫機或平縫機處理縫份邊，須塗上防散口膠水（P.32參考「防散口的處理」）。

● 完成線

縫紉機實際縫車的線條。縫合時，須準確對齊重疊每塊布料的完成線（基本縫合法參考P.32）。

● 合印

即對齊記號。縫合曲線或長邊線時，將每塊布料的合印對齊，以珠針固定，即可不偏移地縫合。

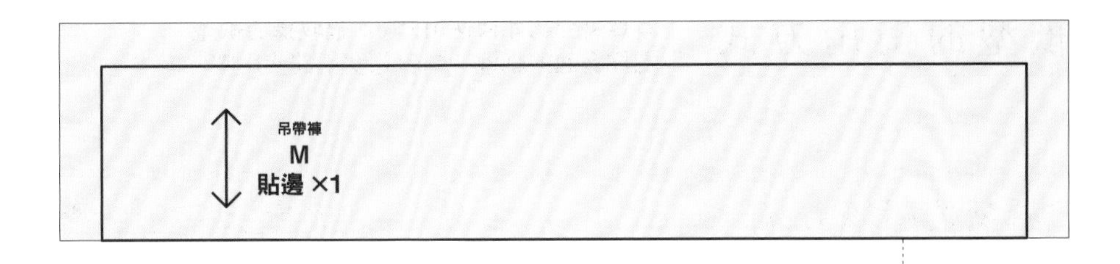

● 裁切線

不留縫份的完成線。沒有縫份的情況下，不留縫份直接沿線裁剪。

● 縮縫記號

標示碎褶邊的記號。縫份部分以稍寬的針距縫過後，拉緊縫線起始和終點處的上線，抽出碎褶（抽出方式參考P. 33）。

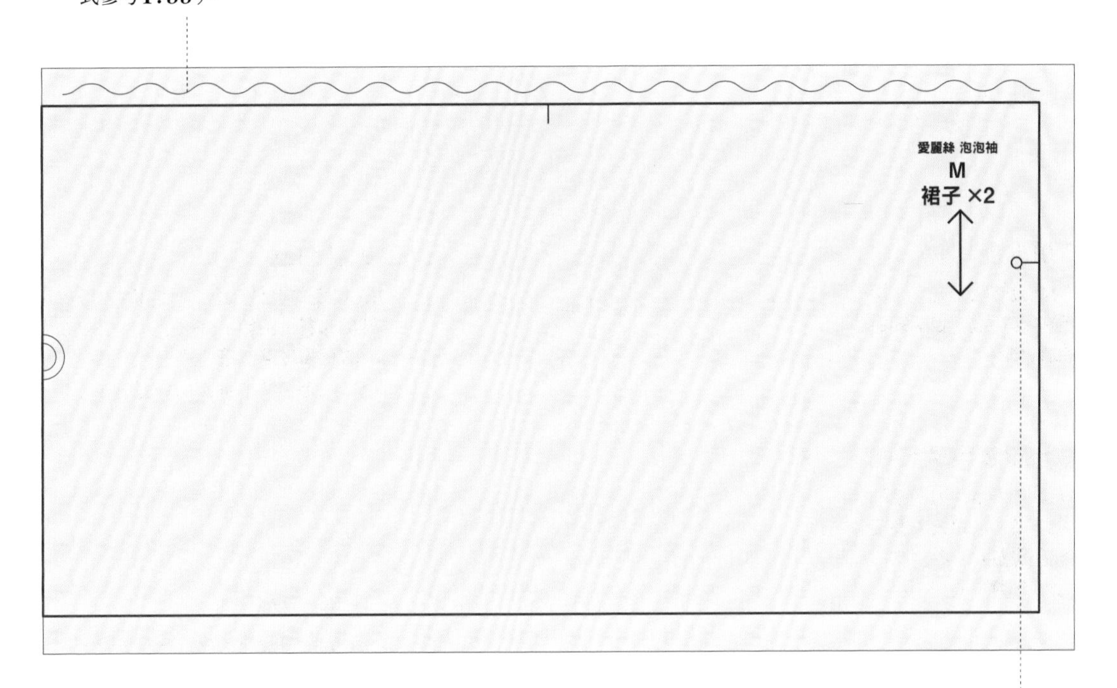

● 開叉止點

標示服裝後方開叉的記號。記號上方的完成線保持原狀，無需縫合。

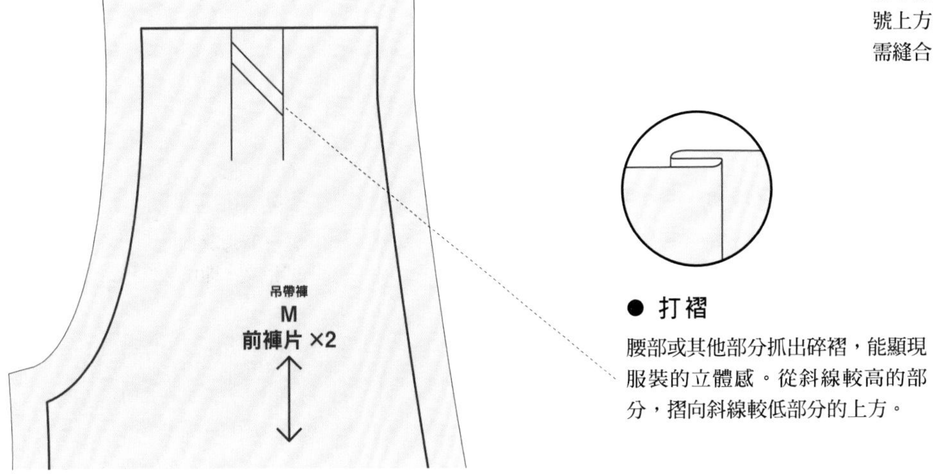

● 打褶

腰部或其他部分抓出碎褶，能顯現服裝的立體感。從斜線較高的部分，摺向斜線較低部分的上方。

紙型的描製方式

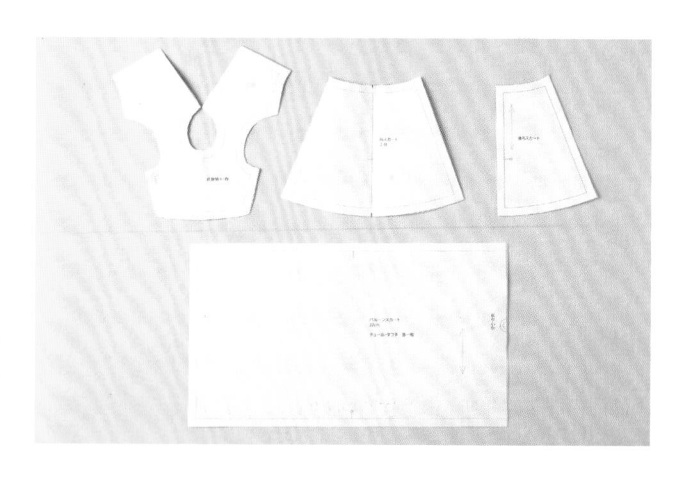

● 準備紙型

決定好要製作的作品後，即可確定尺寸，並複印所需紙型的全部頁數。在紙襯上以鉛筆描出正確的紙型，小心描製避免偏移，最後沿縫份線裁下複印或描出的紙型。作業開始前必須確認是否已備齊所有需要的紙型。

● 在布料上描出紙型

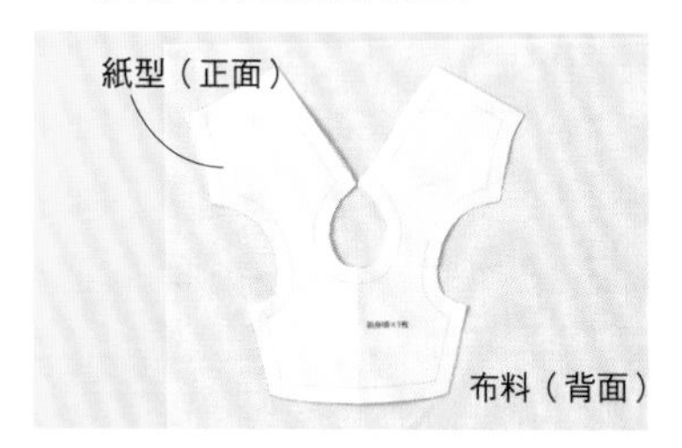

1　在布料背面放上紙型。

2　用粉土筆等工具，沿紙型的縫份線（外側線條）描出線條。

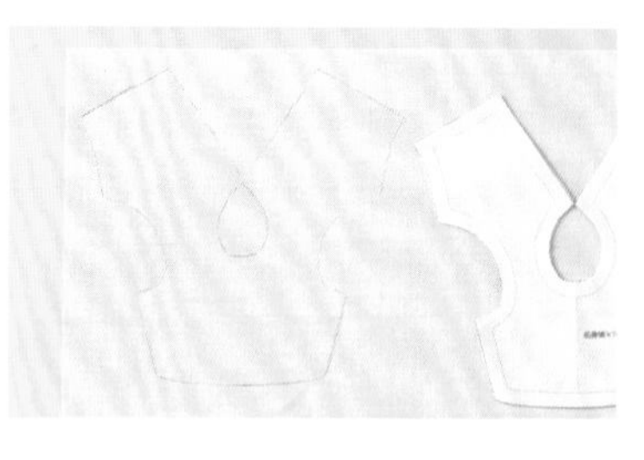

3　縫份線描製完成的階段。

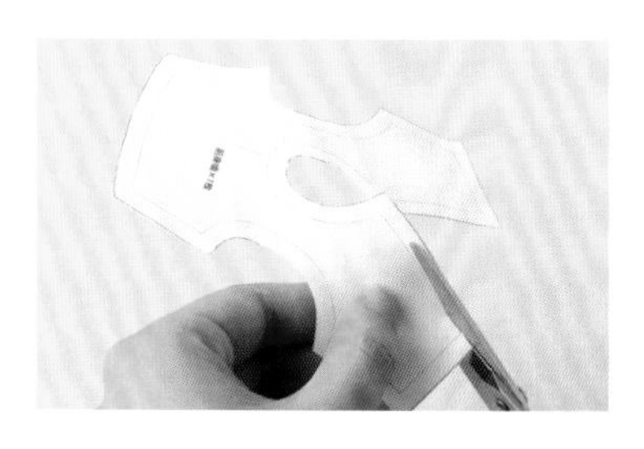

4　將紙型中一部份的縫份（相連的一邊），沿完成線剪下。

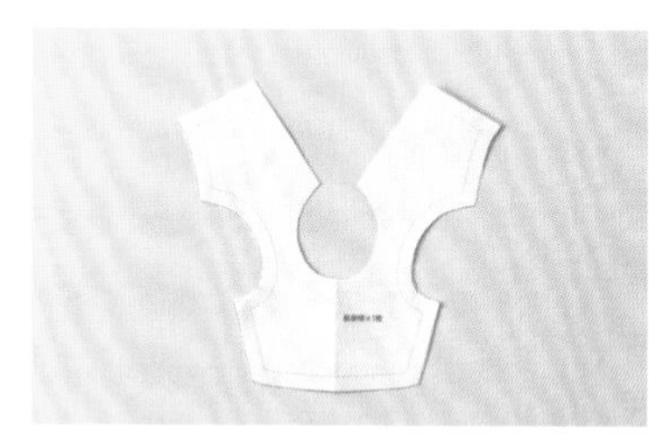

5　剪下一部分的縫份。

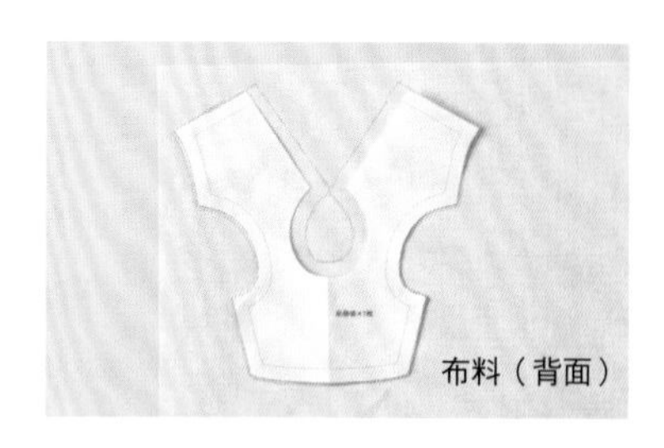

6　將剪好的紙型放上布面，將未剪掉的縫份線對準階段3描出的線上。

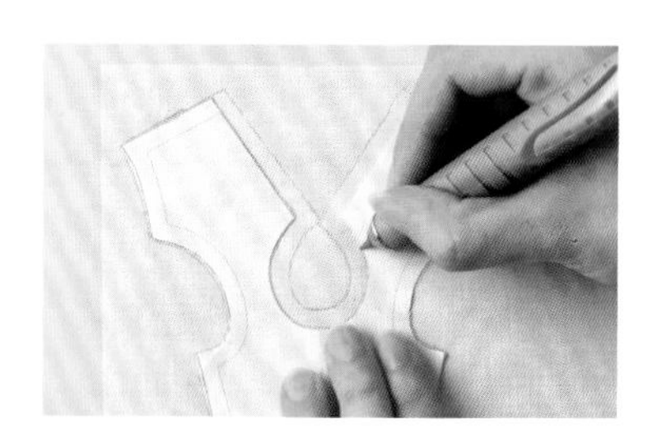

7　沿著紙型，描出剪掉縫份線的完成線部分。

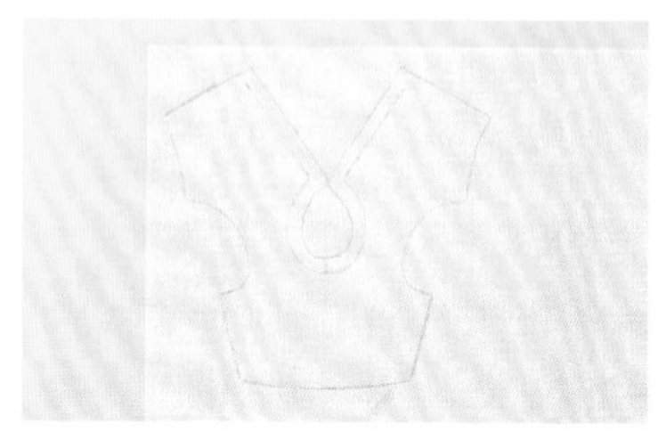

8　描出部分完成線的階段。

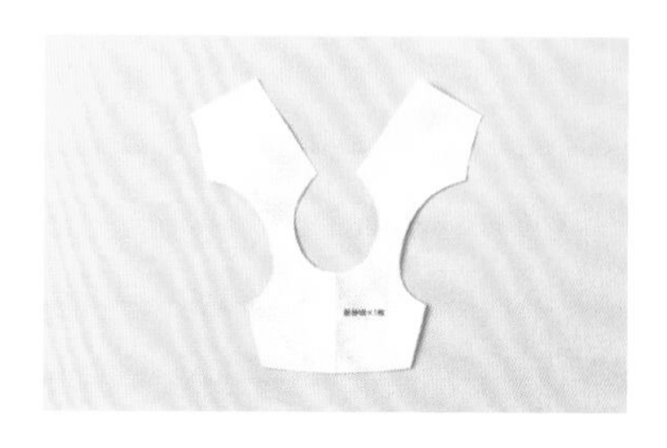

9　將紙型中還剩有縫份線的部分，沿完成線全部剪下。

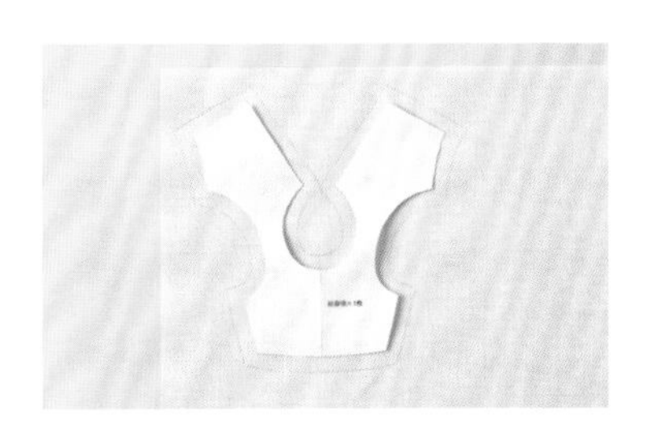

10 將紙型放上布面，對準在階段7描出的完成線。

11 描出其他部分的完成線。

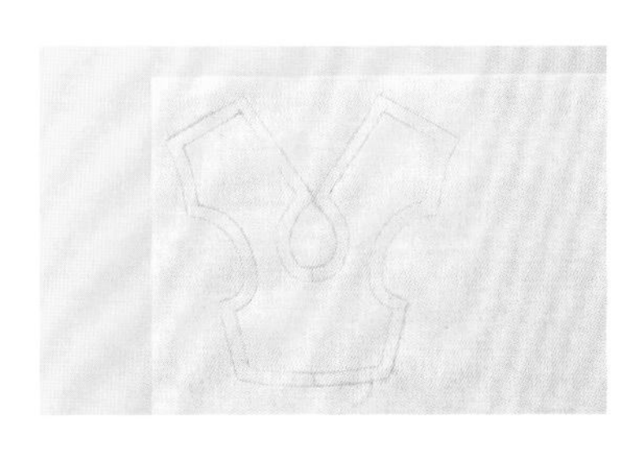

12 紙型描製完成。以相同方式描出所有的紙型。

● 縮縫記號紙型的描法

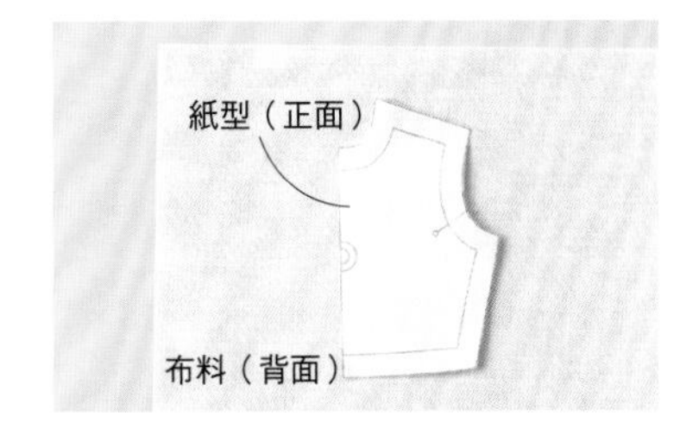

1 在布料背面放上紙型。此時，在左側預留一份紙型的空間。

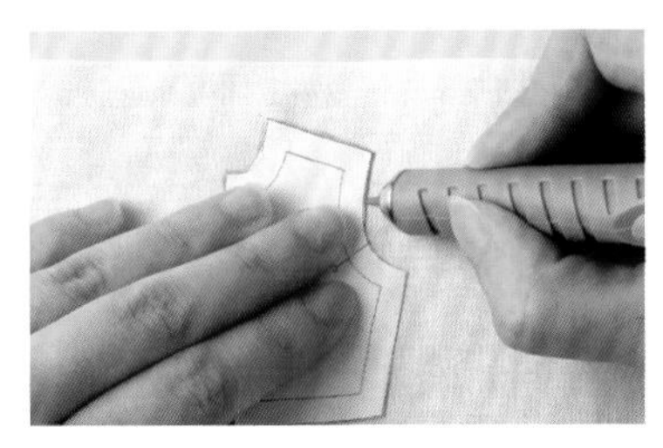

2 用粉土筆等工具，沿紙型的縫份線（外側線條）描出線條，並標記出中央的印線和完成線。

3 部分縫份線描製完成的階段。

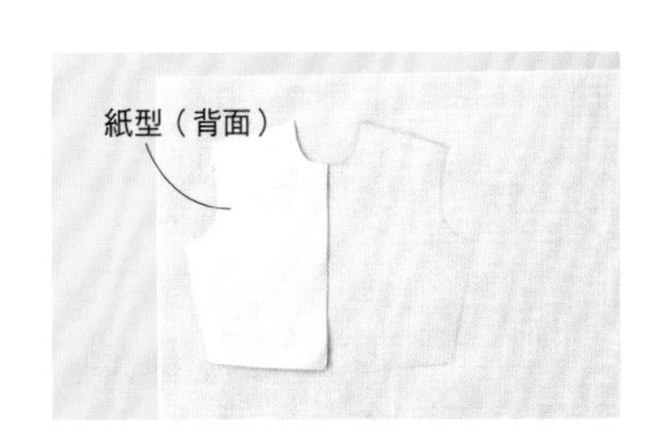

4 沿著中央印線，反面放上紙型。

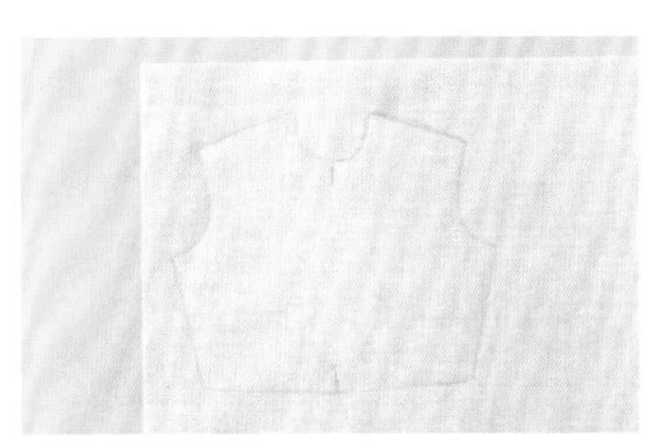

5 依中央印線左右對稱描出紙型，將縫份線兩邊描製完成。

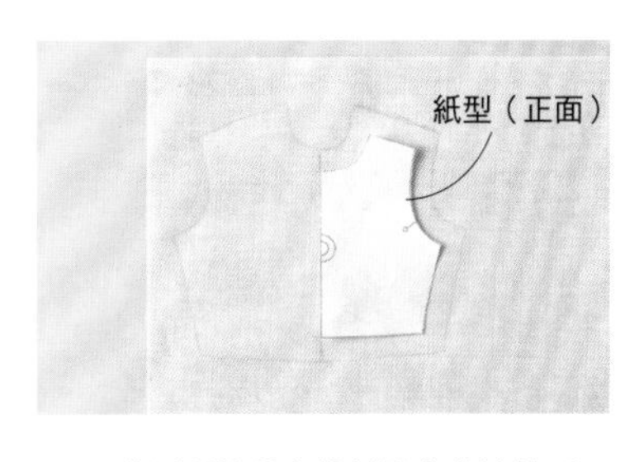

6 將紙型的所有縫份沿完成線剪下，放上布面，並將階段2標記出的中央印線對準完成線。

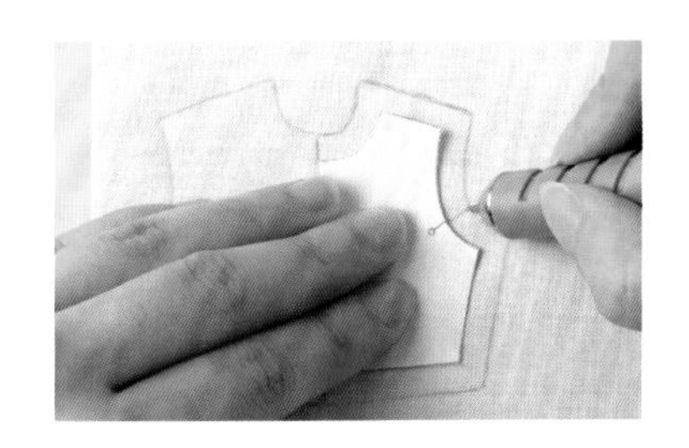

7 沿紙型描出完成線。此時也不要忘記標記出合印記號。

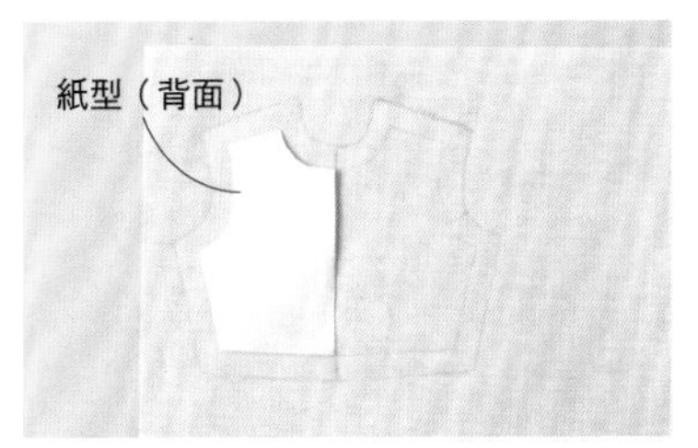

8 和階段4相同，放上反面的紙型，描出完成線並標記合印記號。

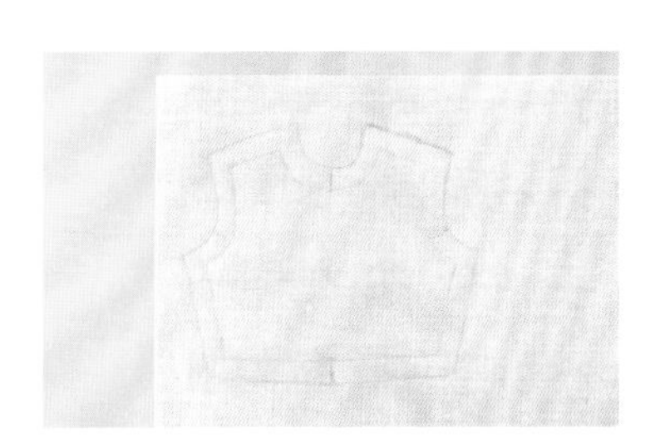

9 紙型描製完成。

基本作業

所有作品的基本作業都是一樣的。基本作業需要小心、仔細地進行，才能提升作品的完成度。

● 布邊防散口處理

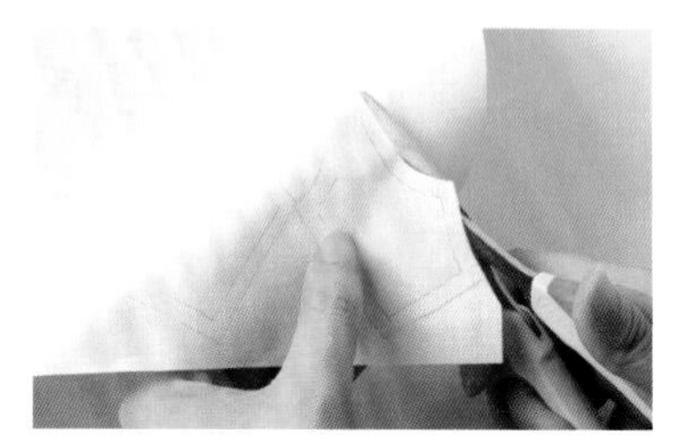

1 在布面上描出紙型後，以手工藝用剪刀裁出縫份線（外側線條）。

2 完成裁剪的階段。以相同方式裁出所有的裁片。

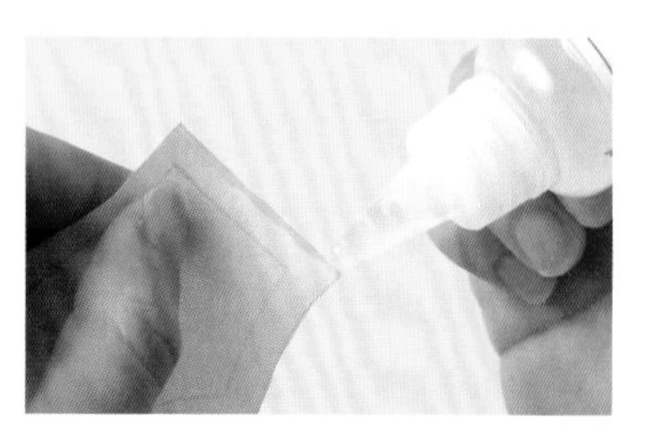

3 將防散口膠水塗在布邊上。為了不要過度滲進布料，將裁片立起，僅在裁剪切口塗上膠水即可。

● 剪出剪口

1 在標記縫份的合印及中央印線上，以剪刀剪出開口。須留意開口不要剪超過完成線內。

2 剪完開口的階段。這些開口也稱作「剪口」。

3 預先剪出剪口，從正面也能一眼辨別標記，十分方便。

● 縫合

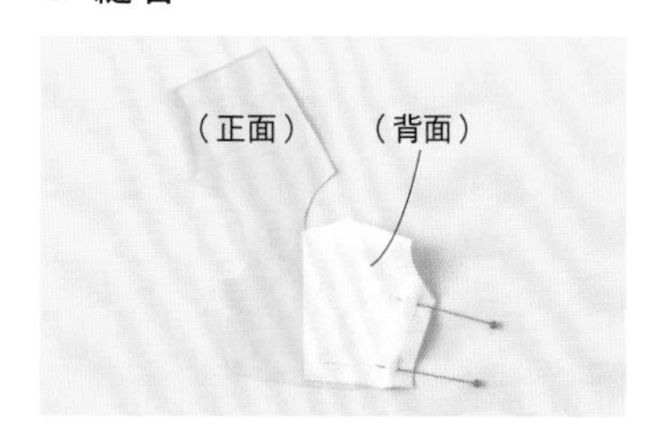

1 想要縫合的邊線以正面相疊，完成線的邊角以珠針固定。

2 針距設定為1.4～1.6㎜，如果無特別設定，則在完成線上縫合。車縫開始和結束時皆須倒縫回針1、2針。

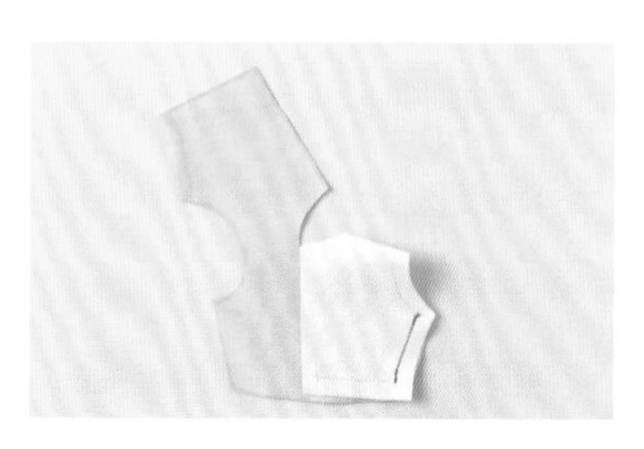

3 在完成線上縫合的階段。

● 抽出碎褶

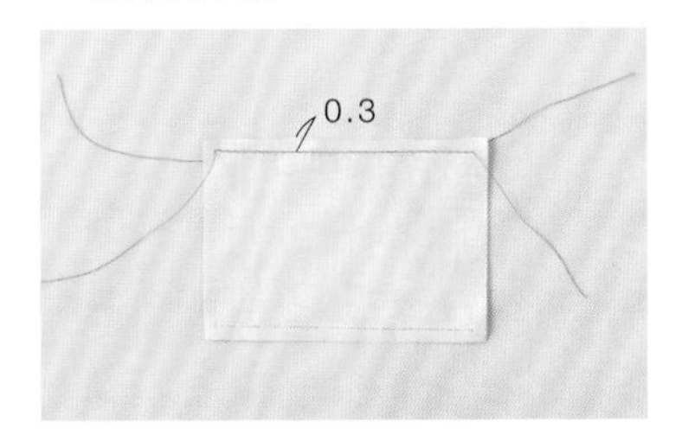

1 在完成線1～2㎜的外側，設定2.5㎜的針距開始車縫抓皺線。車縫開始和結束時都不需倒縫回針，並在兩端留下稍長的線條。

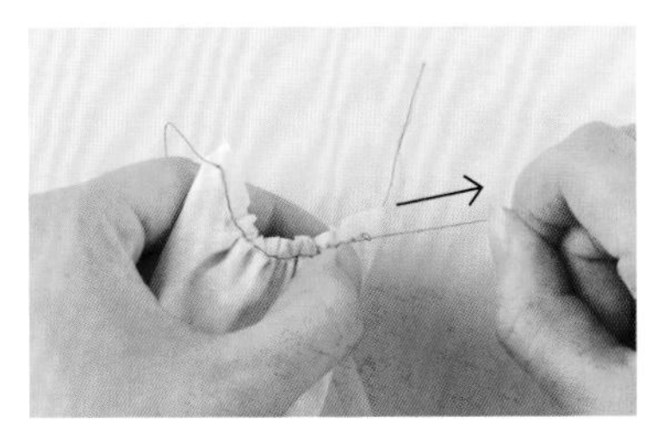

2 一手捏住布料，收緊兩端的上線，抽出碎褶。

3 抽出碎褶後，兩端部分較鬆散，其他部分的碎褶都均勻摺起。

● 折起縫份

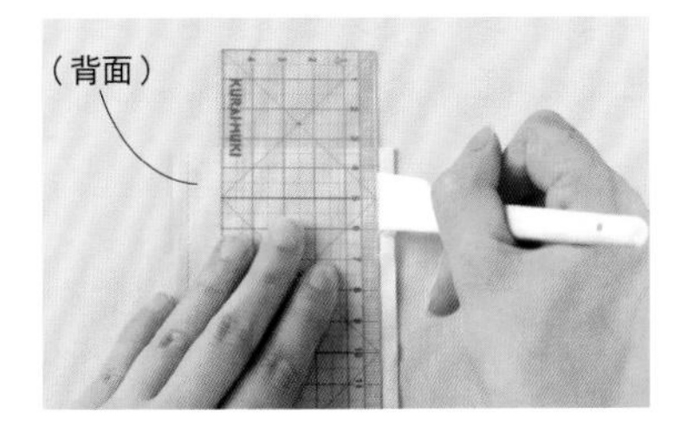

1 將尺壓在想要折邊的裁片邊線上，以縫份骨筆壓描完成線。

（正面）
（背面）

2 將縫份向布料背面壓折，以手指輔助，由遠至近壓移縫份骨筆，須確實壓出摺痕。

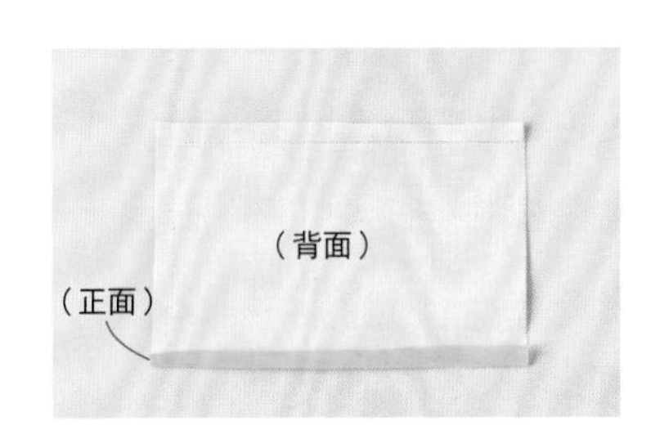

3 縫份完成折邊的階段。即使不用熨斗熨燙，也能平整地壓出折邊。

● 壓平縫份

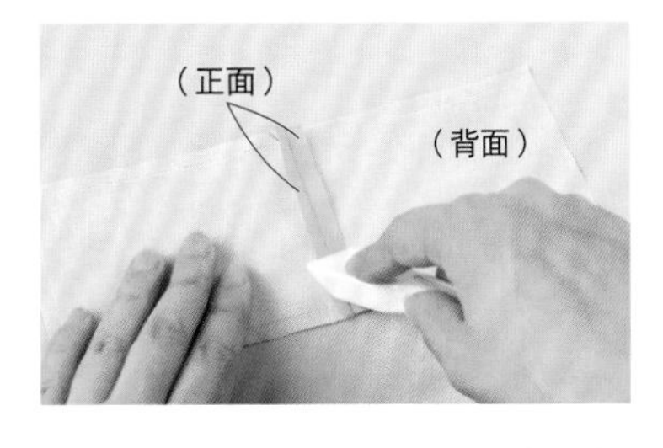

將縫合邊的縫份分向左右兩側，由上方緊壓縫份，將之分開壓平。

● 挑出邊角

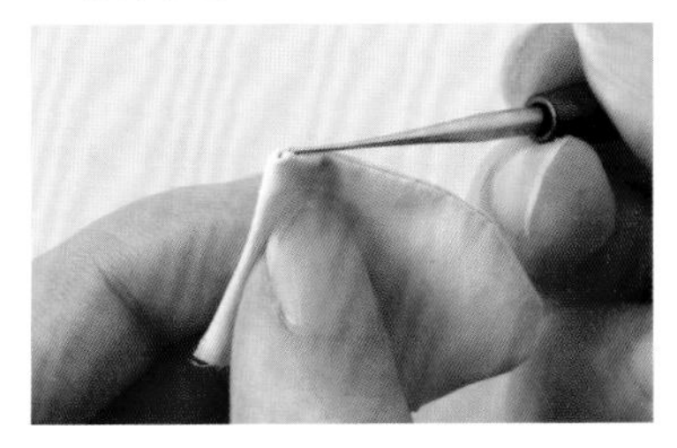

將縫合後的布料翻回正面時，以打孔錐小心地挑出邊角。

● 熨斗熨燙

完成後以熨斗熨燙。軀幹和褲管等筒狀的部分簡單燙過，不留摺痕即可。

便利的筒狀熨燙台

完成娃娃服後熨燙用
預先備置十分便利

將長15㎝左右的保鮮膜捲筒芯，放在20×20㎝的不織布上。從一端捲起，捲至最後再將上下的不織布摺進捲筒芯之中。

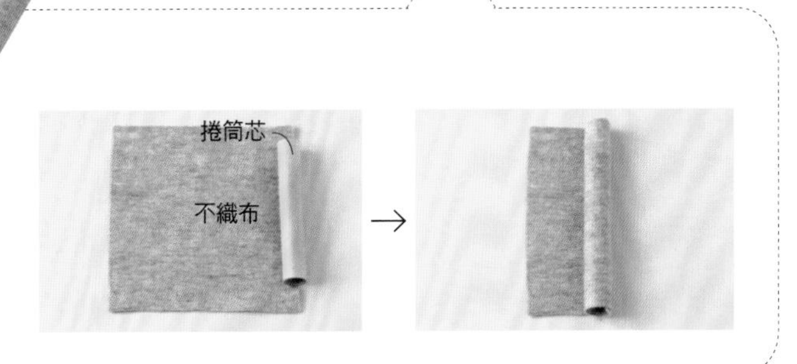

關於材料

介紹本書作品所使用的布料和材質。可配合作品挑選適合的布料及材質，因此在選用手邊的材料時不妨參考看看。

○布材

● 精梳細棉布（Cotton Lawn）

輕薄富有光澤的柔軟木棉布料，易於車縫，也能漂亮地處理抓皺。色彩和花樣十分豐富，因此廣泛地使用於洋裝、圍裙，或褲子等各種作品中。

▶ 使用於P. 9「荷葉邊吊帶褲」、P. 11「女孩風泡泡袖洋裝」、「復古風可愛圍裙」、P. 13「經典愛麗絲洋裝」、「白色蕾絲圍裙」、P. 15「碎花剪裁連身裙」等。

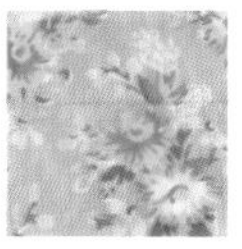

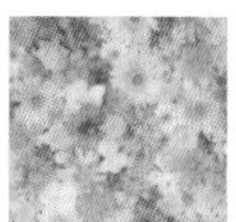

● 緹花布（Jacquard）

布面上有交織的圖案花紋，是帶有厚重感的布料，非常適合俏麗的時尚裝扮。搭配蕾絲或薄紗時，會帶來華麗的印象。

▶ 使用於P. 17「細緻蕾絲禮服」、「黑色蕾絲紗裙」。

● 棉質巴里紗（Cotton Voile）

布質薄、織紋密度疏，因此織目看起來帶有透明感，是相當輕柔的布料。和雪紡（Chiffon）或喬琪紗（Georgette）相比織線較粗，較有張力，也容易縫製。適合用於想塑造出蓬鬆感的作品。

▶ 使用於P. 9「蕾絲立領罩衫」、P. 19「甜美蕾絲睡衣」、「睡帽」。

● 薄紗（Tulle）

網眼狀的透明材質，多為尼龍製，也有帶圓點或心型圖案的款式。由於重疊多層後會帶出份量感，建議挑選輕薄的款式。

▶使用於P. 7「小精靈童話馬甲」、「薄紗芭蕾裙撐」、P. 17「黑色蕾絲紗裙」、P. 25「閃亮澎裙小禮服」。

● 記憶塔夫綢（Memory Taffeta）

富有獨特張力和光澤感的記憶加工聚酯纖維布料，多用於禮服等正式服裝。輕薄且具張力，即使不貼布襯，也能確實打造出禮服的線條。

▶ 使用於P. 23「經典露肩禮服」。

● 山東綢（Shantung）

富有光澤，特徵是表面可見織線紋路的不規則布紋。由於比緞料（Satin）更具張力，適合用於製作正式的禮服。

▶ 使用於P. 25「閃亮澎裙小禮服」。

● 人造皮草（Fake Fur）

強調醒目毛皮的合成纖維，具不同毛長及色彩，款式豐富。本書使用細長裁剪的帶狀毛皮，亦可用於外套的布料正面。

▶ 使用於P. 23「經典露肩禮服」。

● 針織材質（Knit）

具有伸縮性的布材，有多種類型。平紋針織、天竺棉針織及圓編針織等布料易於處理，十分推薦。

▶ 使用於P. 13, 23「及膝長襪」、P. 23「經典露肩禮服」。

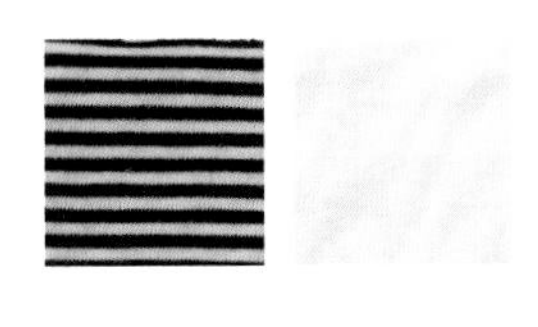

● 圈紗（Loop Yarn）

以圈狀織線織成的布材，具有蓬鬆柔軟的觸感。在簡單的設計中，也能享受布料質感帶來的樂趣。

▶ 使用於P. 21「浪漫羊毛圈紗大衣」。

○其他材質

● 蕾絲花邊（Lace Tape）、鑲邊蕾絲（Torchon Lace）

配合作品使用各式寬度的蕾絲。抓皺的部分也能使用縫入鬆緊帶的荷葉邊蕾絲（照片左側）漂亮縫上，也可將緞帶穿過梯狀蕾絲（Ladder Lace）的網狀部分加以使用。

使用緞帶穿過蕾絲

使用等間距的細長緞料緞帶，穿過梯狀蕾絲的網狀部分；不容易直接穿過時，可使用縫針輔助。

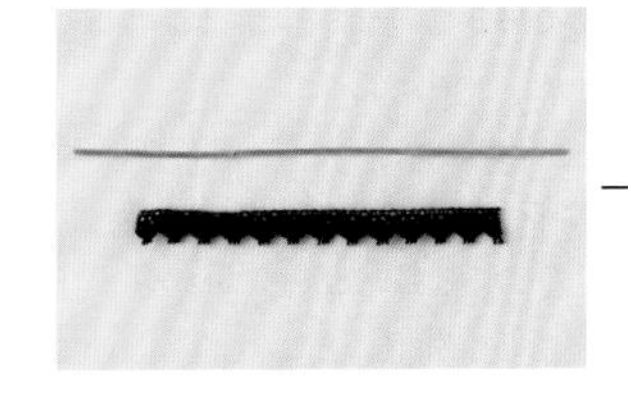
→
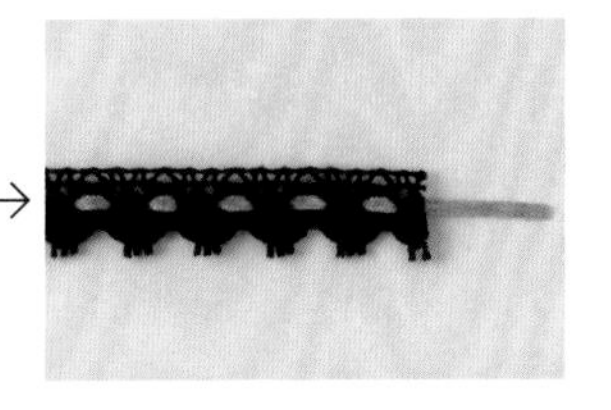

● 裝飾小物

裝飾禮服時也可使用蕾絲以外的各種小物，在手工藝品店試著尋找喜愛的裝飾吧！可將貼滿立體玫瑰的蕾絲布材（下圖左）依需要分量剪裁使用，可剪裁成細長布材使用，也可一朵一朵剪下當作裝飾。花型亮片（下圖右）搭配緞帶時，則能打造出華麗的氛圍。

● DTY加工絲

經伸縮加工處理的尼龍製或聚酯纖維製紗線。本書P. 09「裝飾用竹馬」的流蘇穗即使用DTY加工絲製作，只要捲起紗線，不打結也能牢牢固定。

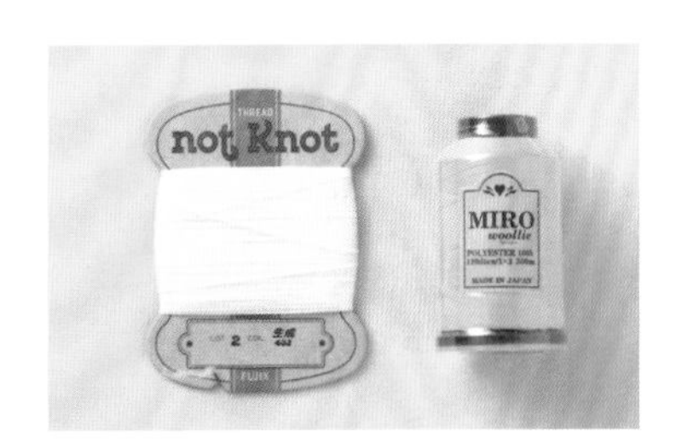

P.13 經典愛麗絲洋裝

實物大小紙型　**P.86**
前身片、衣領、後身片、衣袖、袖口貼邊、裙片、荷葉邊

● 材料　＊布面尺寸為橫×縱。

精梳細棉布（水藍色）… S：32cm×17cm、M：45cm×20cm、L：45cm×22cm
精梳細棉布（白色）… S：8cm×8cm、M、L：10cm×10cm
直徑5mm的按釦 … 2組

● 製作方式

＊照片內的數字單位為cm。
＊本章使用和實際作品不同的布料及紅色縫線進行示範，以凸顯車縫效果。
實際作業時，則使用和布料、蕾絲相同顏色的縫線進行縫製。

在精梳細棉布（白色）背面放上紙型，裁出2片衣領。在精梳細棉布（水藍色）背面放上紙型，裁出1片前身片、2片後身片、2片衣袖、2片袖口貼邊、1片裙片，及2片荷葉邊。四周做好防散口處理。

製作衣領

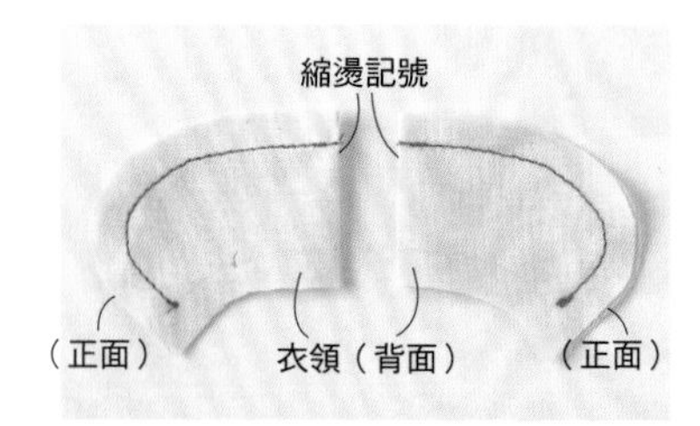

1　將2片衣領背面朝外，各自對摺再縫起。

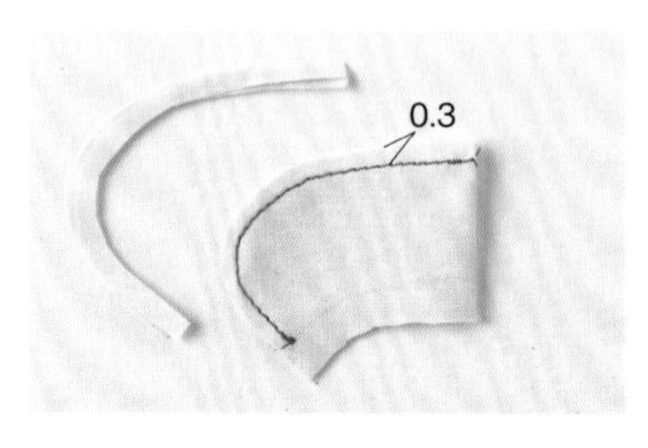

2　將1的縫份剪短至0.3cm。

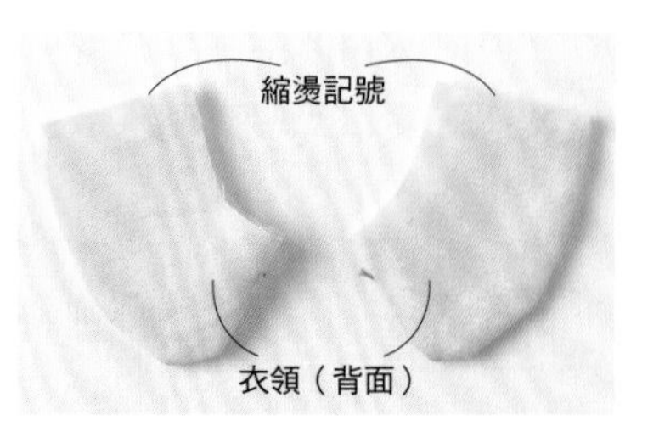

3　翻回正面，整理出衣領形狀。

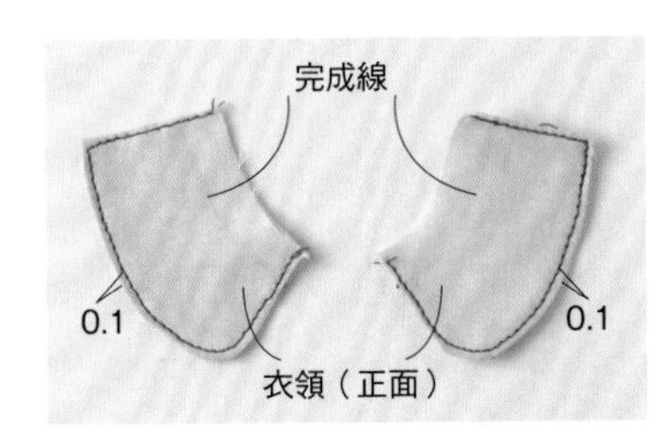

4 沿衣領邊緣車縫。將衣領紙型擺上後，描出完成線。

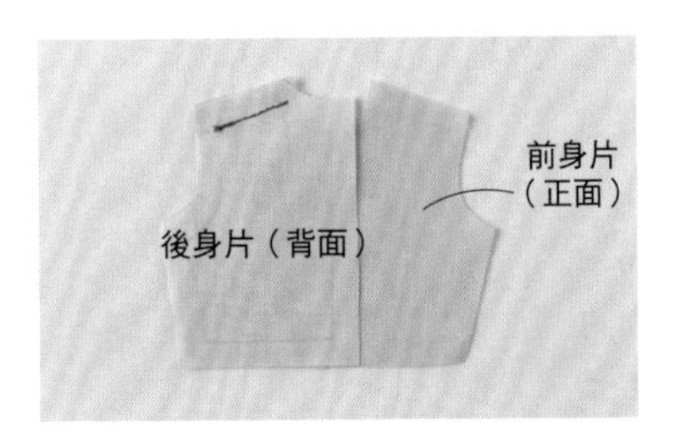

5 將前身片和1片後身片正面相疊，背面朝外，車縫肩膀部分。

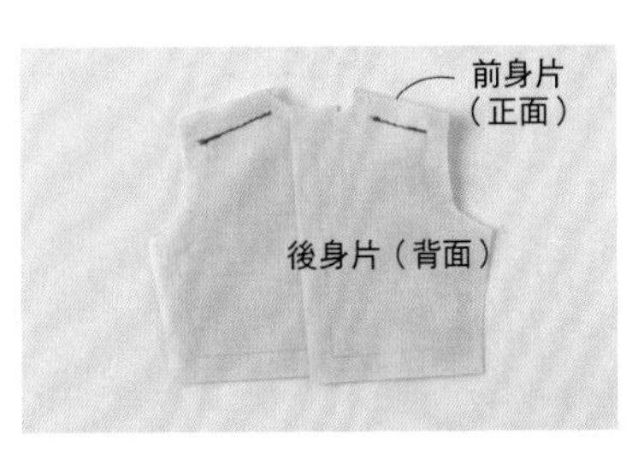

6 再取另1片後身片，與階段5的成品正面相疊，背面朝外，車縫肩膀部分。

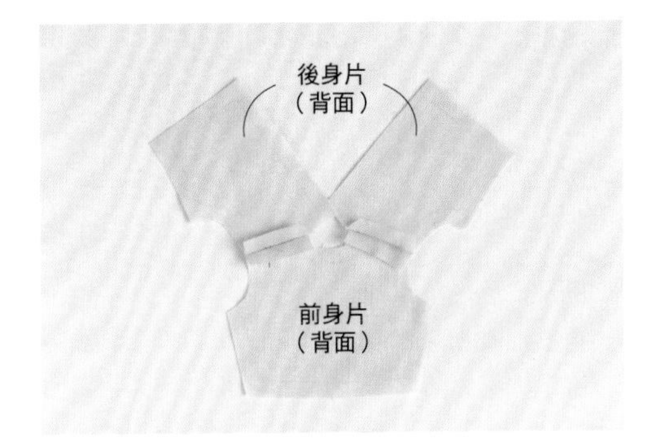

7 將肩部的縫份左右分開壓平。

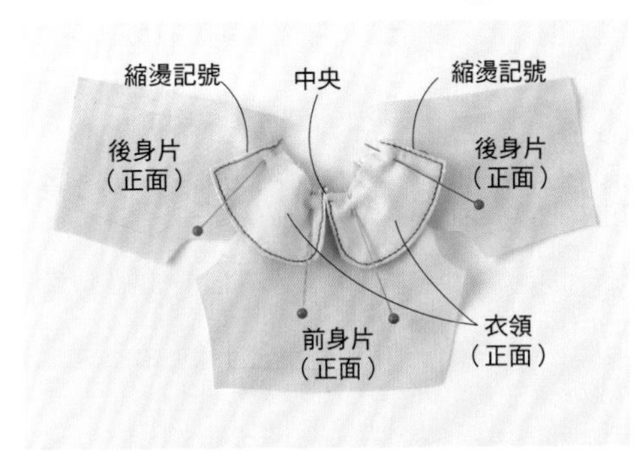

8 將衣領擺上階段7的成品，正面朝上，從前身片的領口中央到後身片的邊緣，一一對準，再以珠針固定。

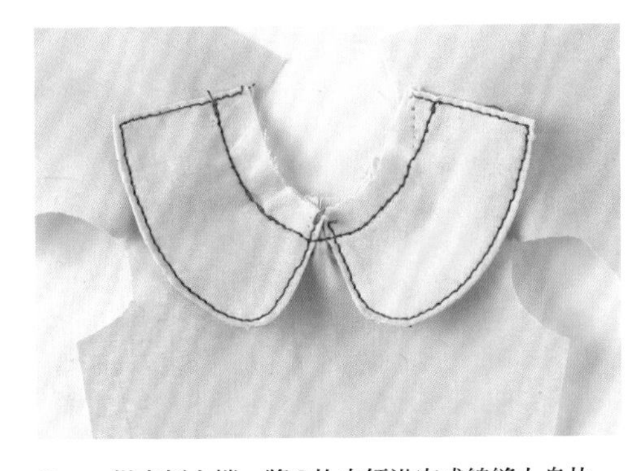

9 從衣領上端，將2片衣領沿完成線縫上身片。

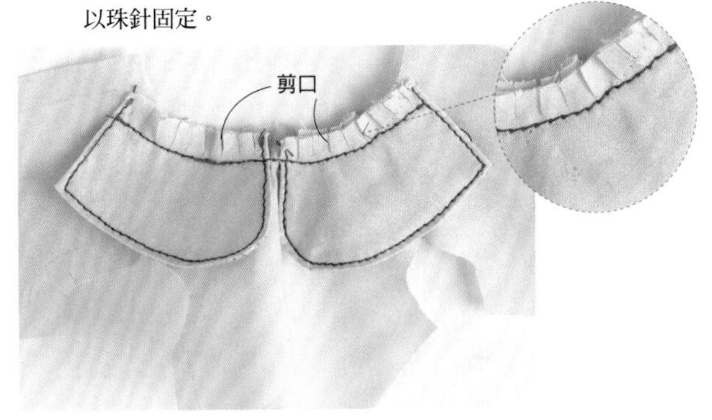

10 在領口和衣領的縫份上剪出密集的剪口。

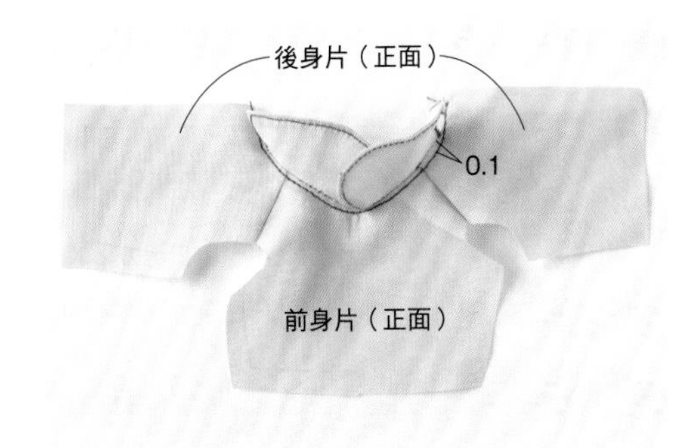

11 將縫份摺進身片的背面，翻起衣領，從身片的正面車縫領口邊線。

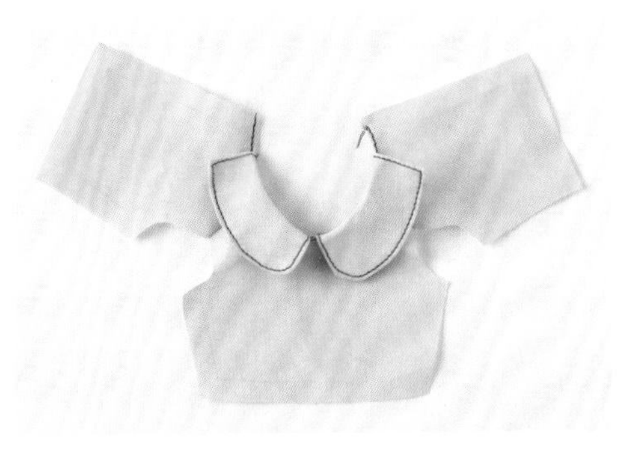

12 放下衣領，整理作品外形。

縫上衣袖

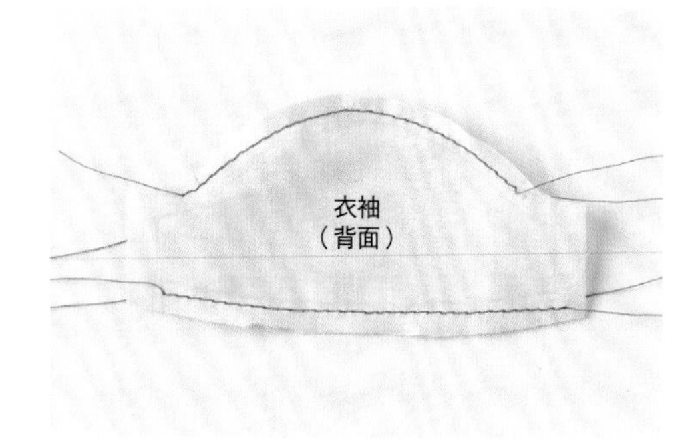

1 在衣袖的上下縫份車縫抓皺線。

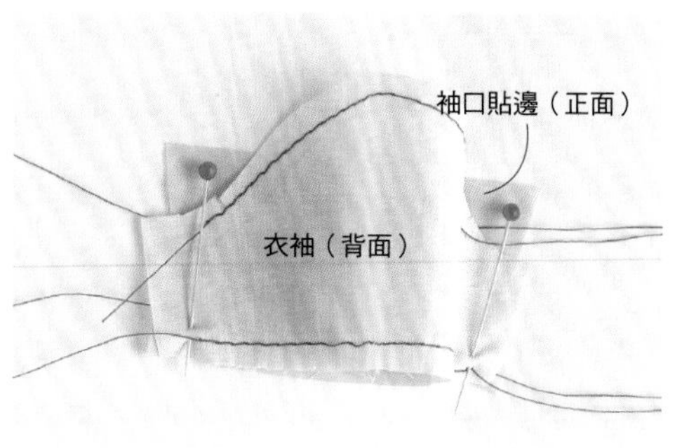

2 衣袖曲線較平緩的一邊，和袖口貼邊正面相疊，背面朝外，兩端和中央以珠針固定。

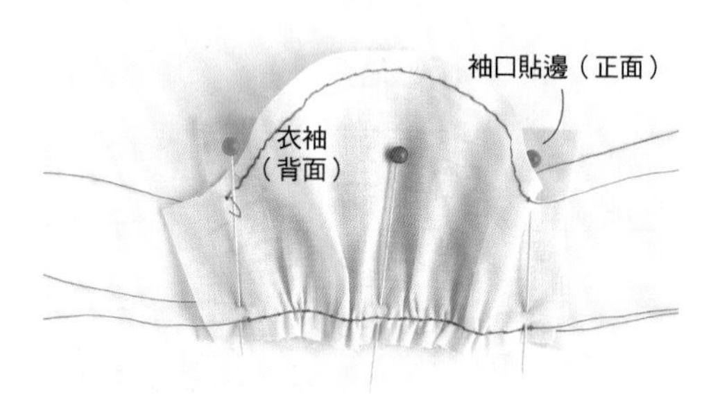

3 配合袖口貼邊的寬度，抽出衣袖的碎褶。

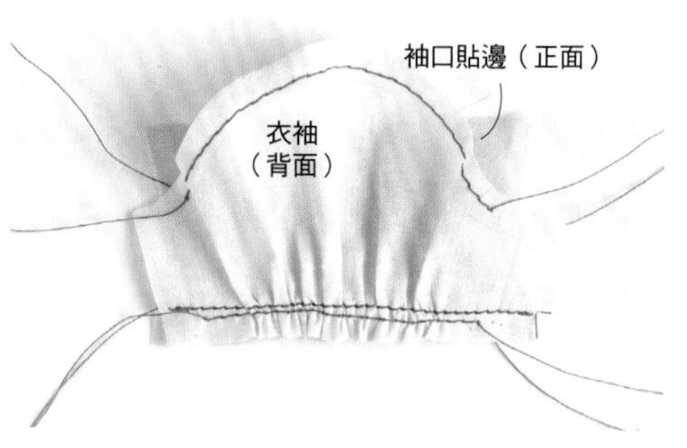

4 將抽出碎褶後的衣袖與袖口貼邊縫起，確實縫至兩邊底端。

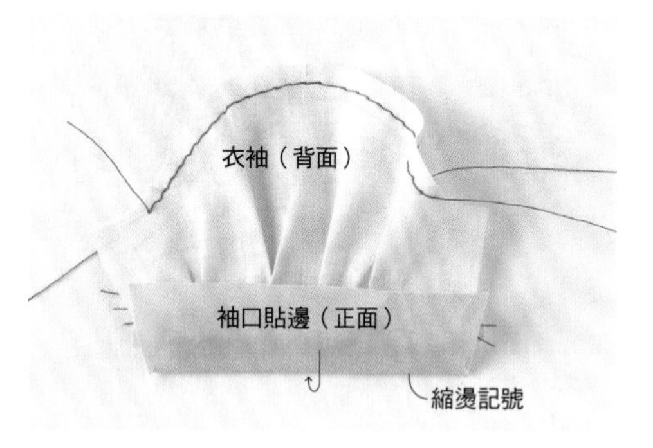

5 將袖口貼邊折半，摺進衣袖的背面。

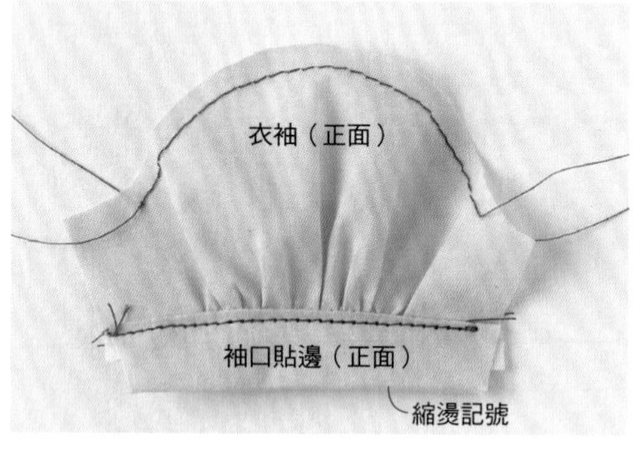

6 從袖口貼邊的正面車縫。另一側的衣袖和袖口貼邊亦以相同方式縫製。

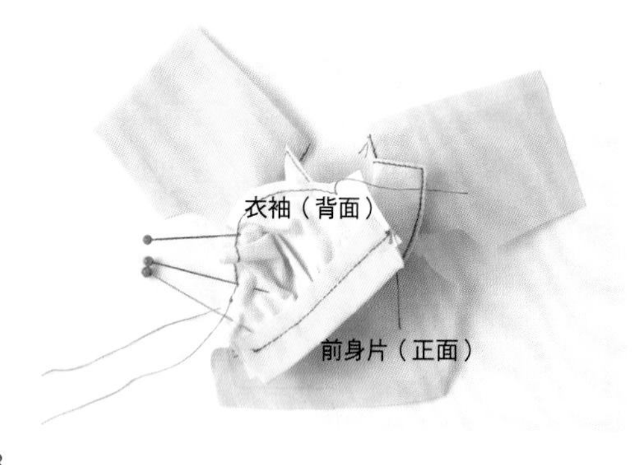

7
將前身片和衣袖正面對齊相疊，衣袖的背面朝外，身片從肩部縫合處對齊袖山中央，並以珠針固定。將前身片與衣袖邊線上的合印記號相對，以珠針固定後抽出衣袖碎褶。

point 先抽出半邊的衣袖碎褶，再處理另外一半，就能漂亮地抽出碎褶。

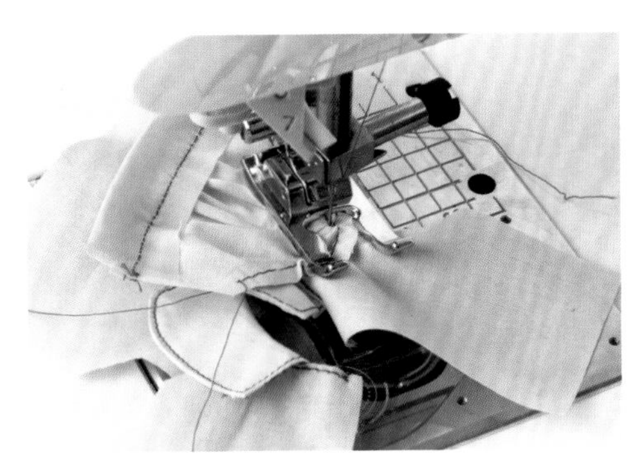

8 將珠針固定的部分，從已抽出碎褶的衣袖側開始縫起。

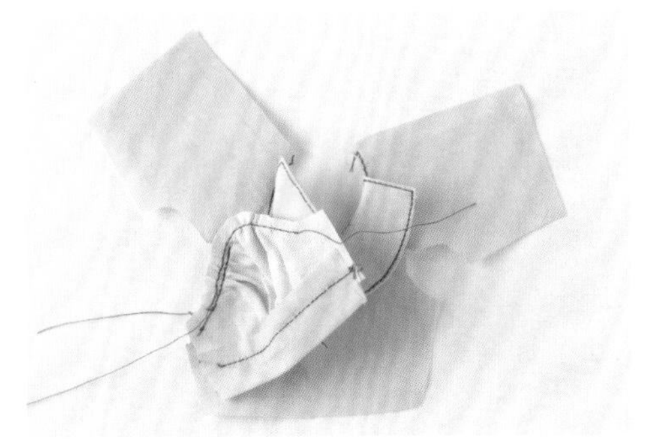

9 已將半邊衣袖縫上前身片的階段。

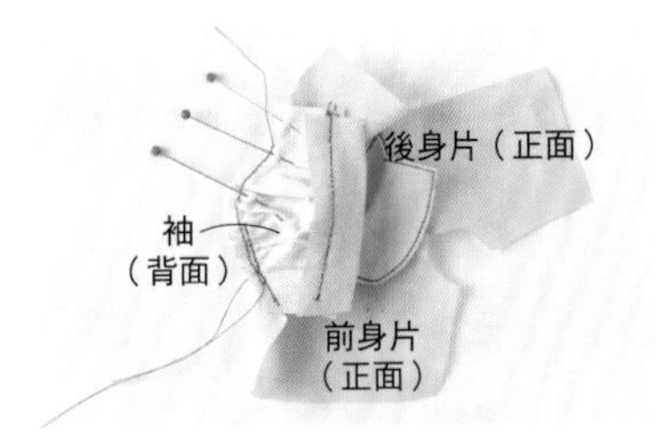

10 另外半邊的衣袖，和階段7作法相同，以珠針固定後抽出碎褶。

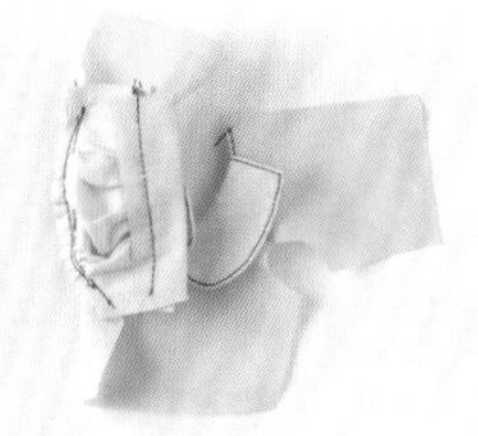

11 將珠針固定的部分，從已抽出碎褶的衣袖側開始縫起。

12 和階段7～11的作法相同，縫上另一側的衣袖。圖為左右衣袖都縫上的階段。

縫合軀幹兩側

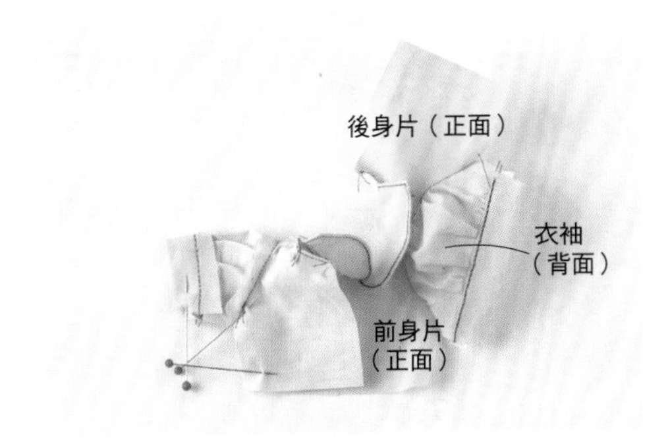

1
前後身片正面相疊，背面朝外，以珠針固定。
另一片後身片以同樣方式處理。

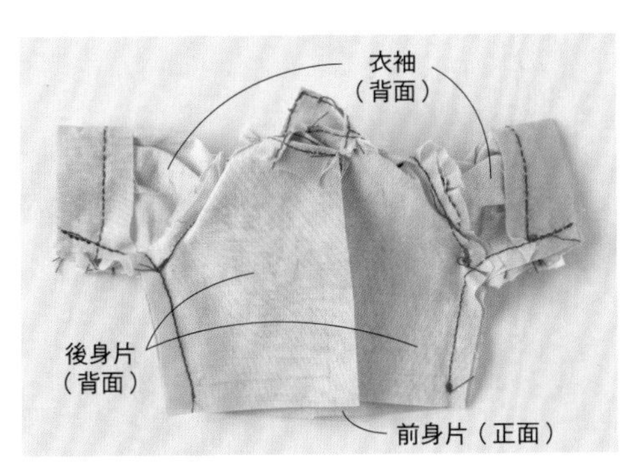

2 從衣袖下方沿完成線縫合至身片底端。

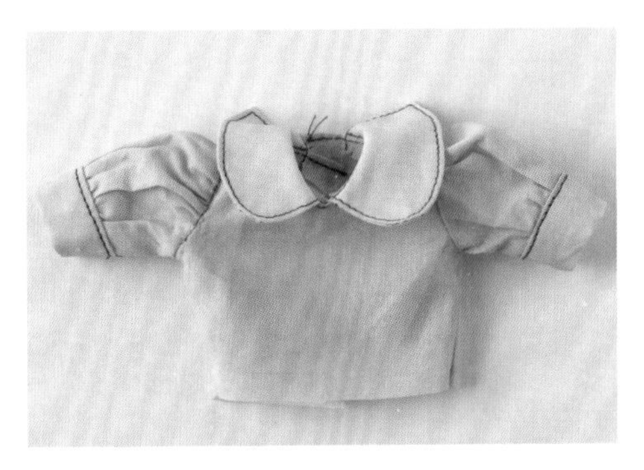

3 翻回正面。衣袖與身片皆縫合完成，圖為上半身部分完成的狀態。

縫上荷葉邊

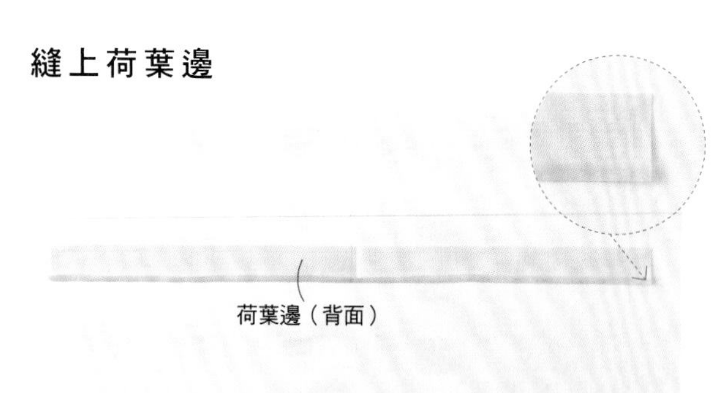

1 將荷葉邊下側的縫份摺進背面。

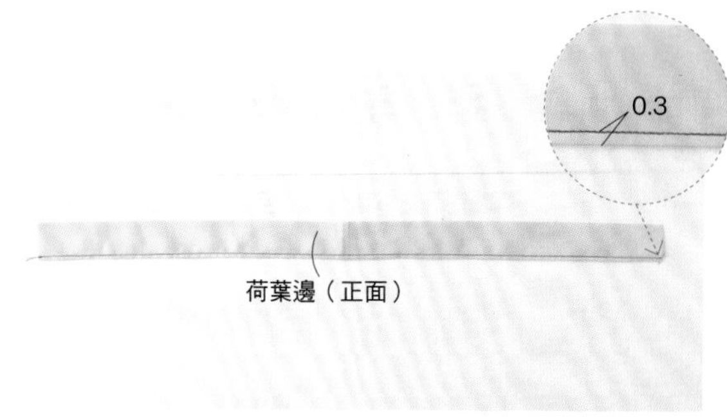

2 將階段1的荷葉邊由正面沿完成線車縫，須確實車縫至兩側底端。

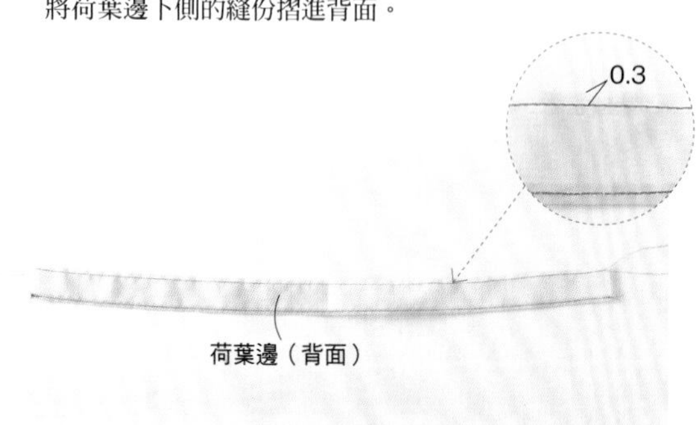

3 將荷葉邊上側的縫份車縫抓皺線。

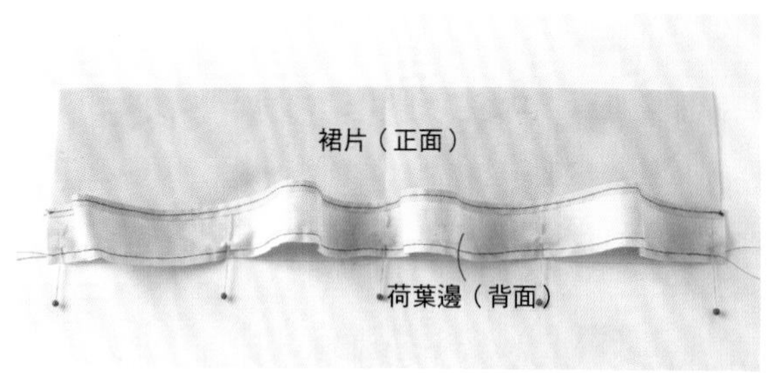

4 將荷葉邊與裙擺正面相疊，於兩端、中央印線，以及兩端與中央印線的中心點，分別以珠針固定。

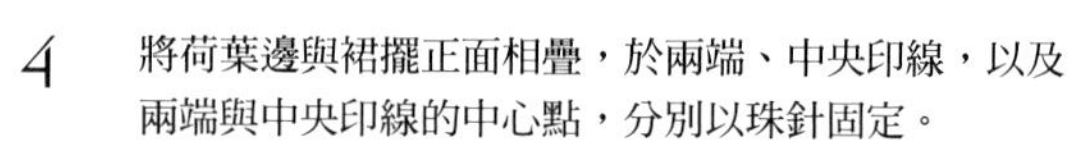

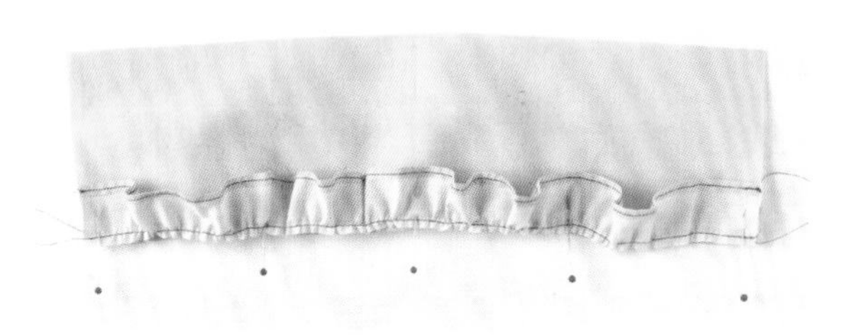

5 配合裙擺的寬度，抽出荷葉邊的碎褶。

6 從荷葉邊的背面車縫上裙片，須確實車縫至兩側底端。

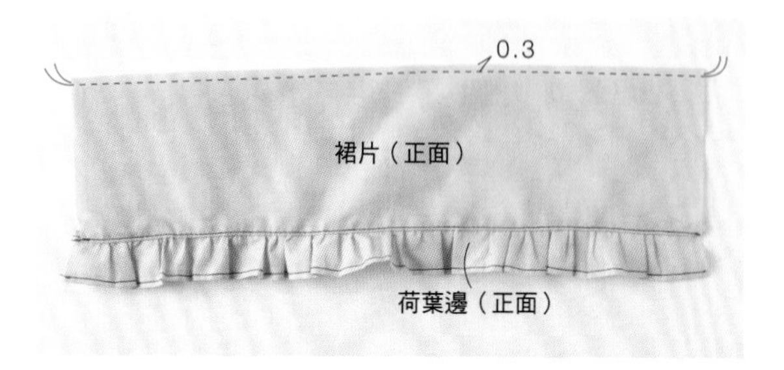

7
將縫份摺向裙片背面，從正面車縫固定。裙片上方的縫份車縫抓皺線。

將裙片縫上身片

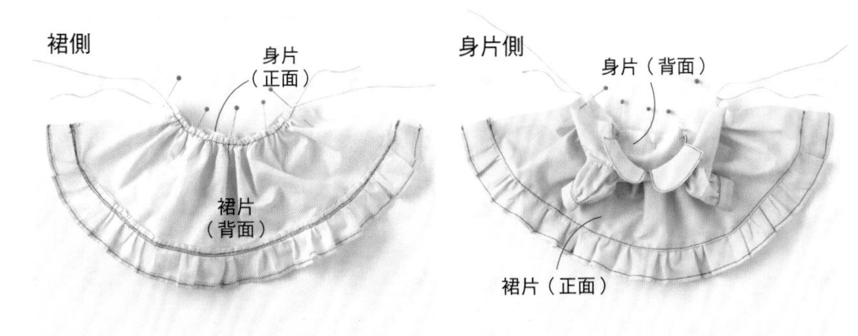

1

裙片與身片正面相疊，裙片背面朝上，並以珠針固定。配合身片的寬度，抽出裙面的碎褶。

point

珠針從裙片的碎褶部分垂直固定，車縫時須縫在碎褶上方。

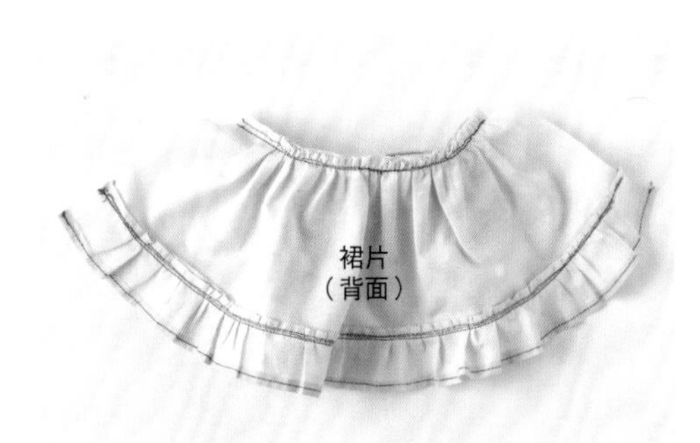

身片
（正面）
0.1
裙片（正面）

2　車縫裙片側面，須確實車縫至兩側底端。

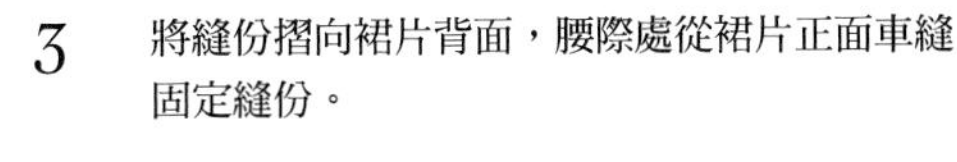

3　將縫份摺向裙片背面，腰際處從裙片正面車縫固定縫份。

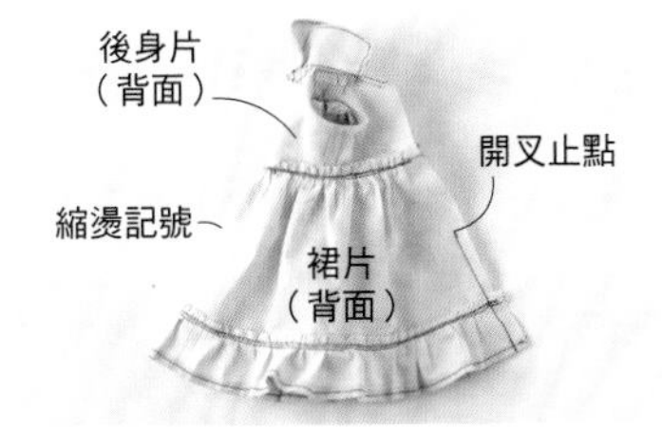

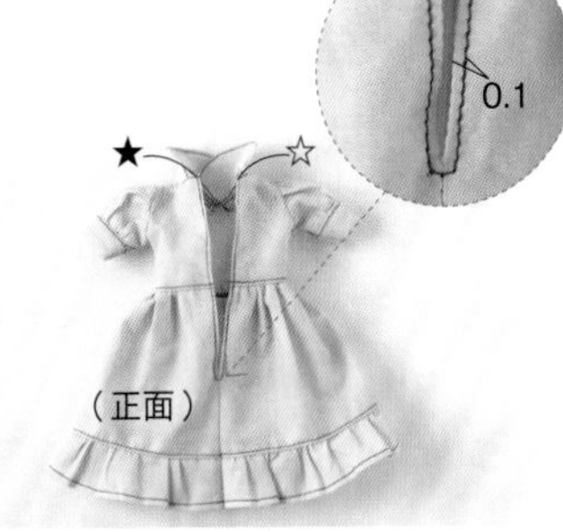

4　將階段3的成品正面相疊摺起，從荷葉邊下方開始縫合至開叉止點。

5　將縫份左右分開壓平，開叉止點上方的縫份摺向衣料背面。

6　翻回正面，由★車縫至☆，完成洋裝背後開口。

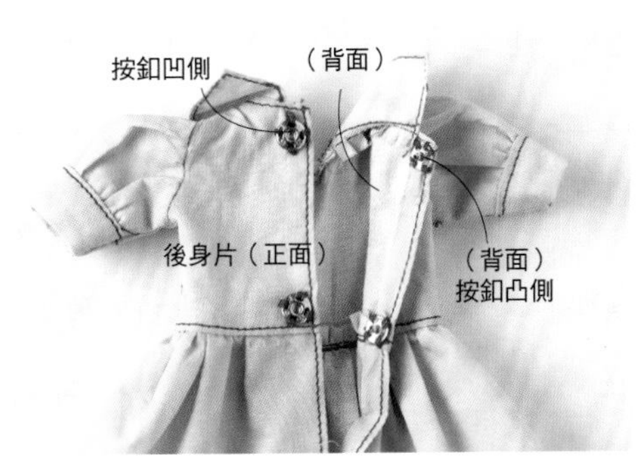

7　縫上按釦。可讓娃娃穿上衣服確認後再決定按扣位置。

8　完成。

P.13 白色蕾絲圍裙

實物大小紙型　P.88
圍裙裙面、肩帶、腰帶、綁帶

● **材料**　＊布面尺寸為橫×縱。

精梳細棉布（白色）…S：30cm×14cm、M、L：36cm×16cm
寬度1.8cm的棉質蕾絲荷葉邊…S：40cm、M：50cm、L：55cm

● **製作方式**

＊照片內的數字單位為cm。
＊本章使用和實際作品不同的布料及紅色縫線進行示範，以凸顯車縫效果。
實際作業時，則使用和布料、蕾絲相同顏色的縫線進行縫製。

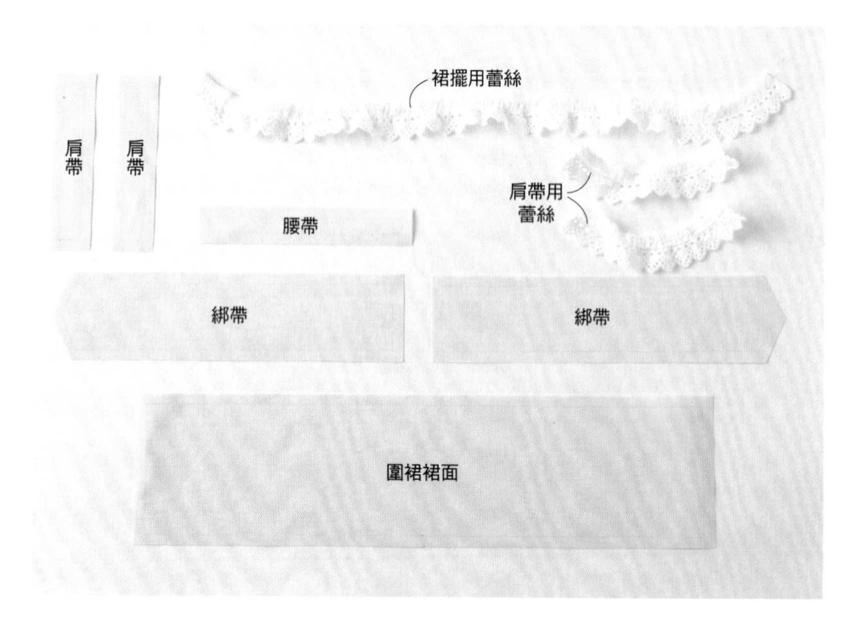

在布料背面放上紙型，裁出2片肩帶、1片腰帶、2片綁帶，以及1片圍裙裙面，四周做好防散口處理。棉質蕾絲荷葉邊，裁出S：9cm／M：10cm／L：12cm各2片。餘下部分留作裙襬用。

縫上肩帶

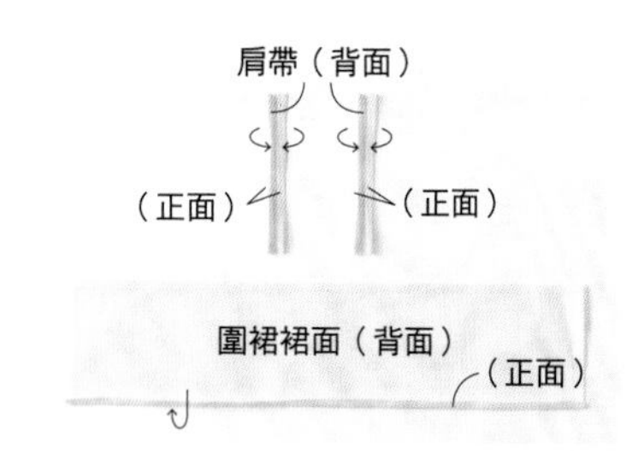

1　將肩帶左右和圍裙裙面下方的縫份，朝布料背面摺起。

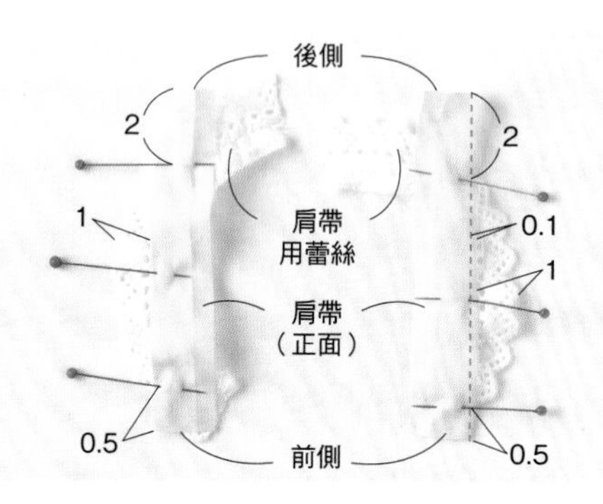

2
打開肩帶內側的縫份。外側縫份保持摺起，將肩帶用蕾絲在布料背面用珠針固定後車縫。

point

留下肩帶上下兩端的空間，並將蕾絲固定成圓弧狀。

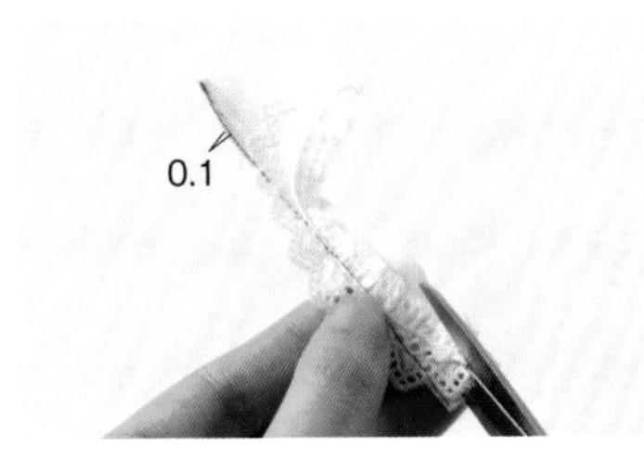

3 剪下露在縫份外的蕾絲。

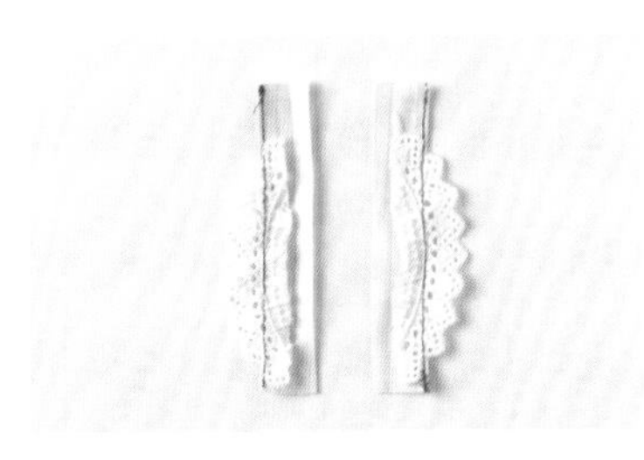

4 裁剪完成的階段。

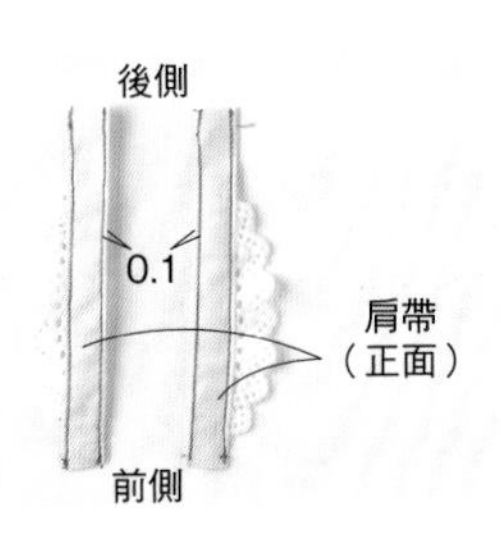

5 摺回縫份，將蕾絲夾在中間，從布料正面車縫，兩端皆須車縫固定。

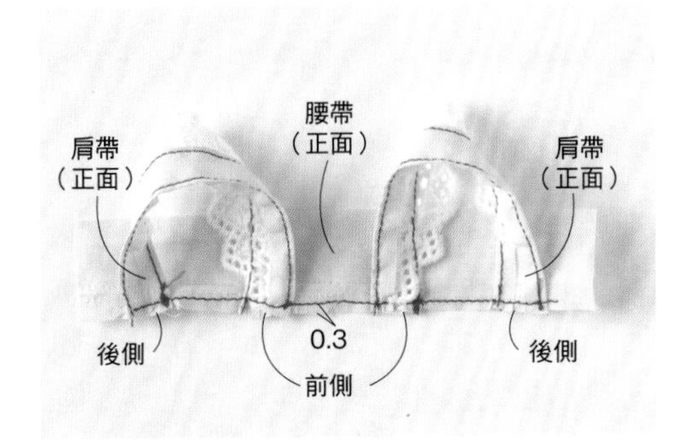

6 將腰帶的印線與肩帶正面相疊，並預留縫份。

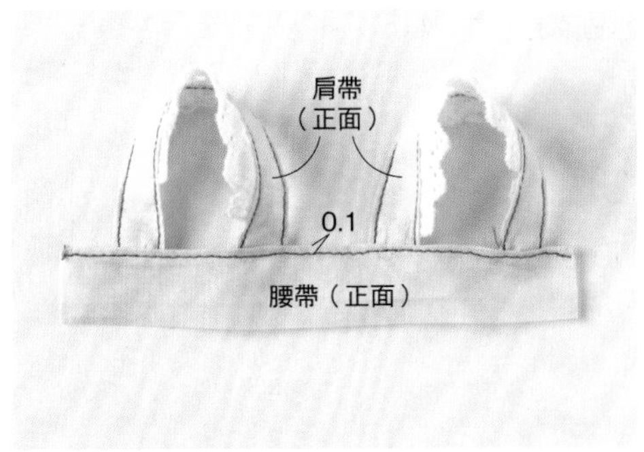

7 將腰帶的縫份摺進布料背面，立起肩帶，從腰帶正面車縫，須確實車縫至兩側底端。

縫上圍裙主體

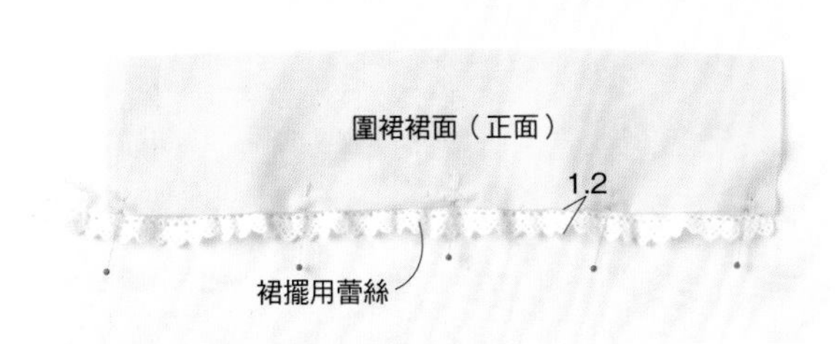

1 裙擺用蕾絲對準裙面下端，以珠針固定。

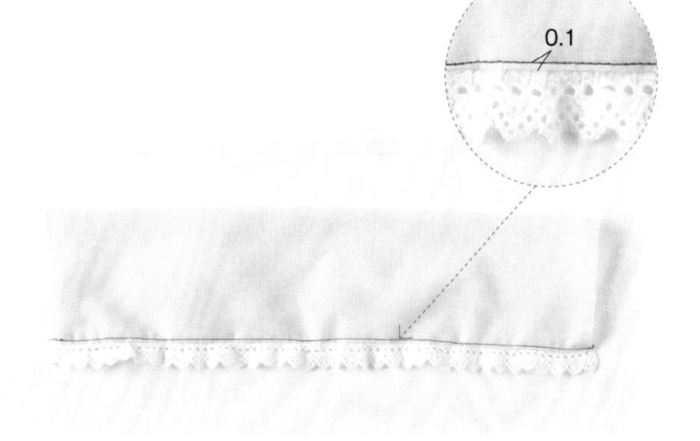

2 從圍裙正面車縫，剪下多餘的蕾絲。

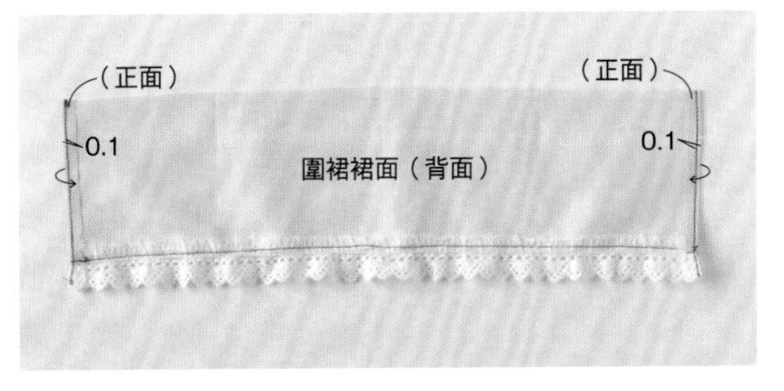

3 將圍裙裙面左右的縫份摺進背面車縫，須確實車縫至兩側底端。

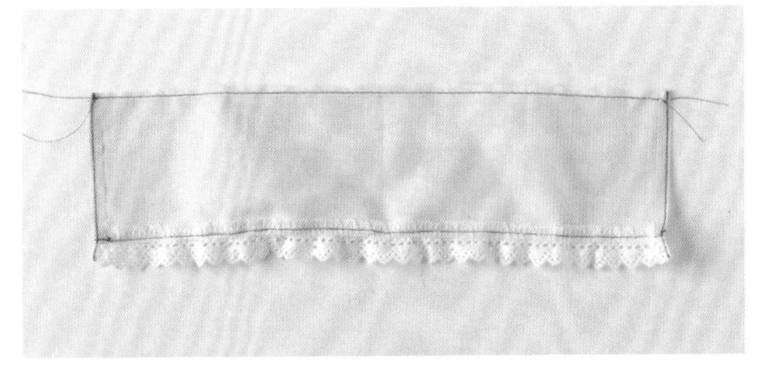

4 圍裙裙面上方的縫份車縫抓皺線。

圍裙背面朝上

腰帶（正面）

圍裙裙面（背面）

圍裙正面朝上

腰帶（背面）

圍裙裙面（正面）

5
將階段 4 的成品與腰帶的下方正面相疊，腰帶背面朝上，左右完成線與圍裙裙面左右的端點對齊，中間再取均等間隔，以珠針固定。配合腰帶的寬度，抽出圍裙裙面碎褶。

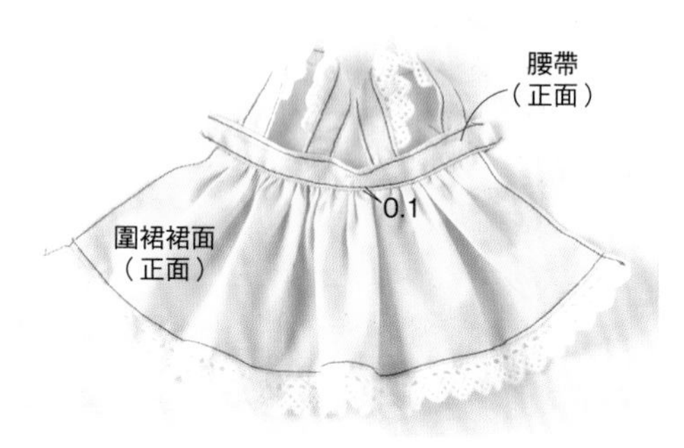

6 將腰帶車縫上已抽出碎褶的圍裙裙面，須確實車縫至兩側底端。

7 將縫份摺向腰帶背面，在腰帶下方車縫固定。

縫上綁帶

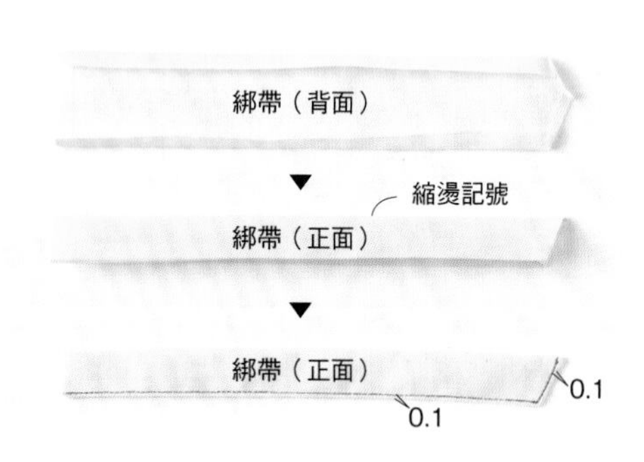

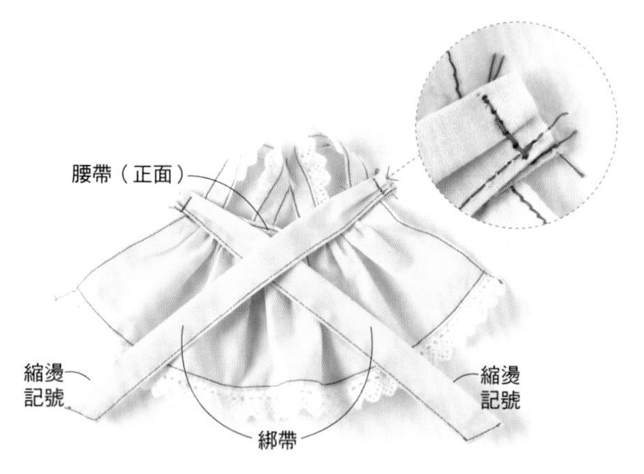

1 將綁帶上下與斜邊的縫份摺進布料背面後對折，正面朝外，從邊緣車縫起來。

2 配合腰帶寬度將綁帶連接端摺起，各自縫上腰帶兩端。

背面的樣子

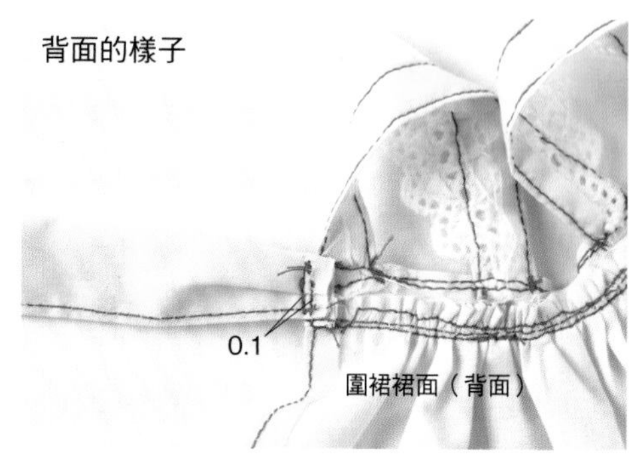

3 將腰帶兩端的縫份和綁帶一起摺進布料背面，邊緣再加上車縫固定。

4 完成。

P.07 小精靈童話馬甲

實物大小紙型　P.85
前身片、後身片、側片、裡布

● 材料　＊布面尺寸為橫×縱

精梳細棉布（粉紅色）⋯S：18cm×40cm、M：20cm×12cm、L：20cm×14cm
薄紗（粉紅色）⋯S：40cm×10cm、M：50cm×12cm、L：55cm×15cm
蕾絲　A 寬度1.5cm的蕾絲薄紗⋯S：5cm、M・L：7cm
　B 寬度1.5cm的蕾絲荷葉邊（白色）⋯S：5cm、M・L：6cm
　C 寬度1cm的鑲邊蕾絲（白色）⋯S：8cm、M：10cm、L：13cm
　D 寬度3.3cm的蕾絲荷葉邊（白色）⋯S：10cm、M・L：13cm
緞帶　E 寬度0.3cm的緞料緞帶（粉紅色）⋯30cm
　F 寬度0.3cm的緞料緞帶（彩虹色）⋯40cm
直徑0.4cm的珍珠串珠⋯4個、直徑5mm的按釦⋯2組

● 製作方式

＊照片內的數字單位為cm。
＊本章使用和實際作品不同的布料及紅色縫線進行示範，以凸顯車縫效果。
　實際作業時，則使用和布料、蕾絲相同顏色的縫線進行縫製。

在精梳細棉布的背面放上紙型，裁出1片前身片、側片左右對稱各1片、後身片左右對稱各1片、1片裡布。四周做好防散口處理。

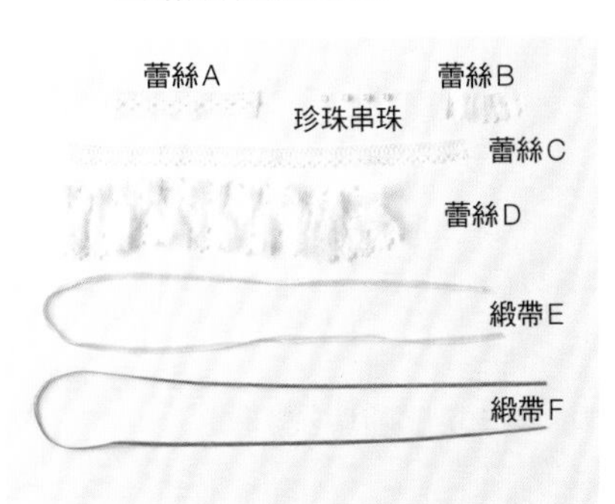

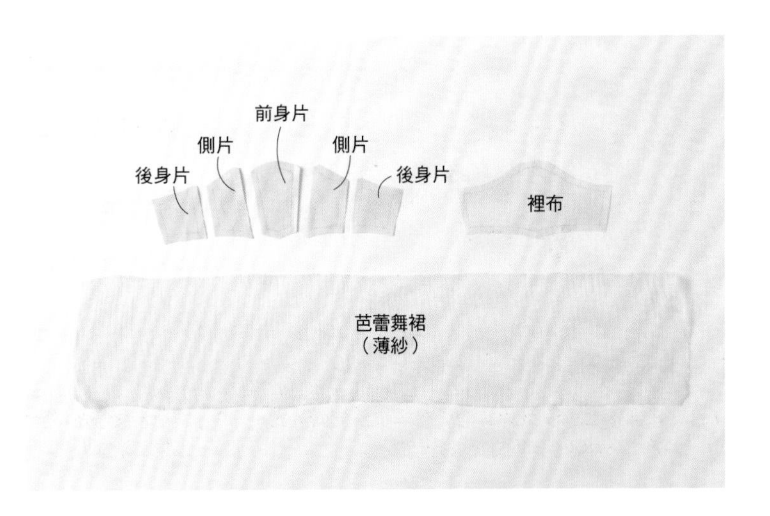

製作馬甲

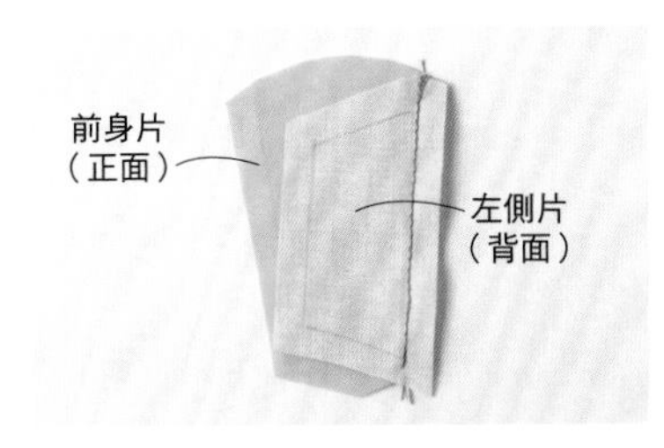

1　前身片與左側側片正面相疊，背面朝外，沿完成線車縫至兩端底側。

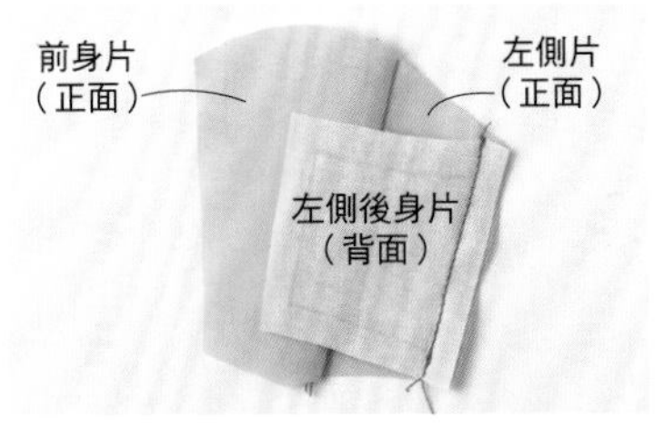

2　左側側片另一端與後身片相疊，沿完成線車縫至兩端底側。

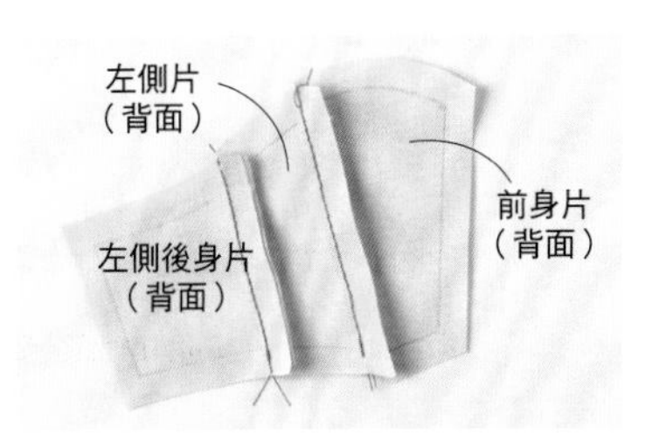

3　將縫份全部摺向前身片的方向。

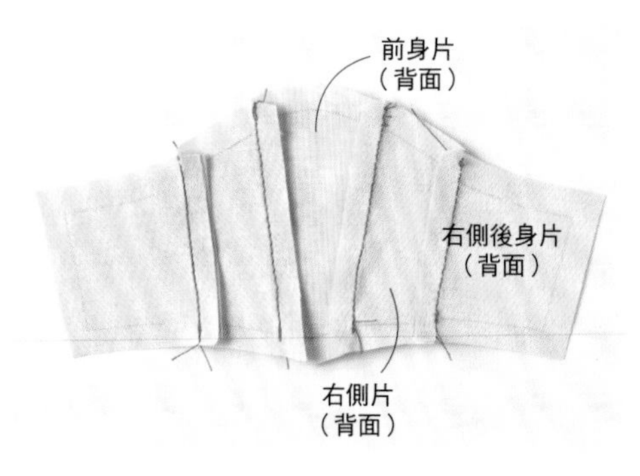

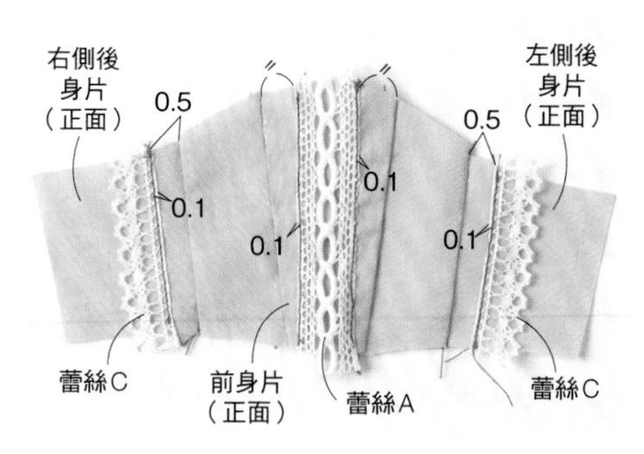

4　與階段1～5相同方式縫合前身片、右側側片及右側後身片，並將縫份摺向前身片方向。

5　前身片中央縫上蕾絲A。將蕾絲C各自放上後身片，沿邊線車縫。

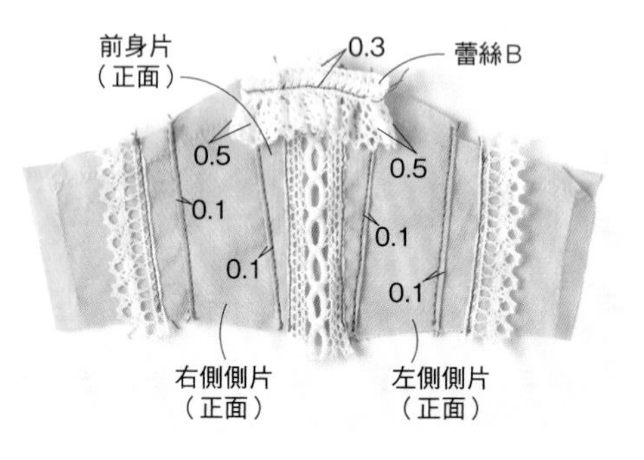

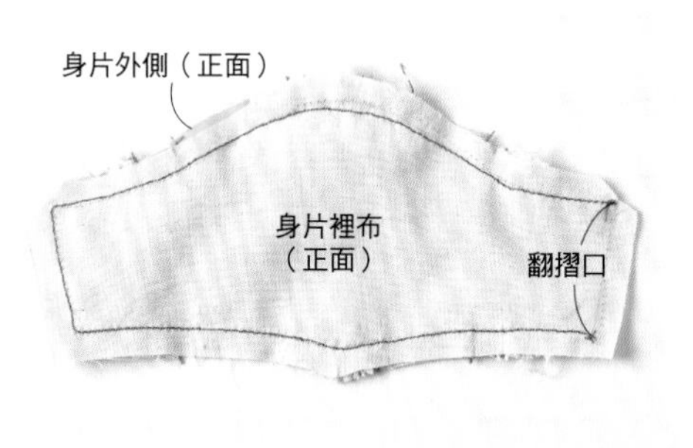

6　在前身片和側片的邊緣沿線車縫。將蕾絲B兩端向背面摺起0.5cm，暫置於中央。

7　將階段6的成品與裡布正面相疊，留下一個側邊作為翻摺口，其他邊沿完成線車縫。

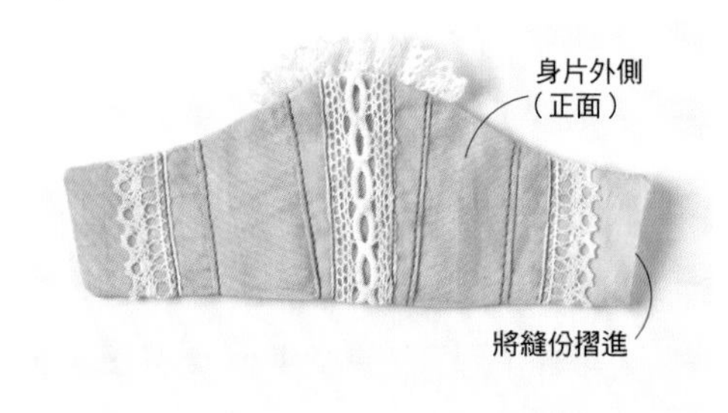

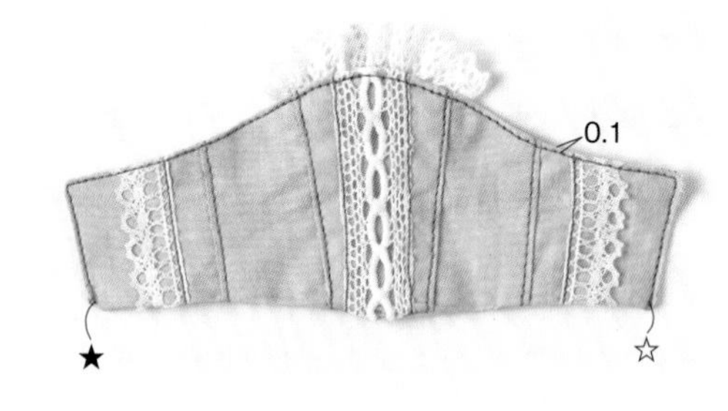

8　從翻摺口將馬甲翻回正面，將翻摺口的縫份摺進布料與裡布之間。

9　從★至☆車縫邊線固定。

縫上芭蕾舞裙

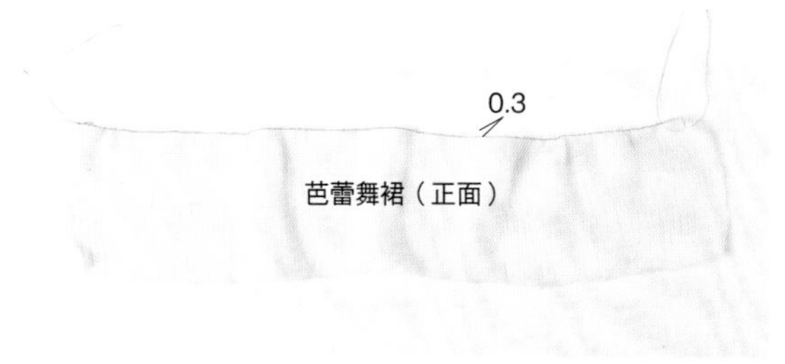

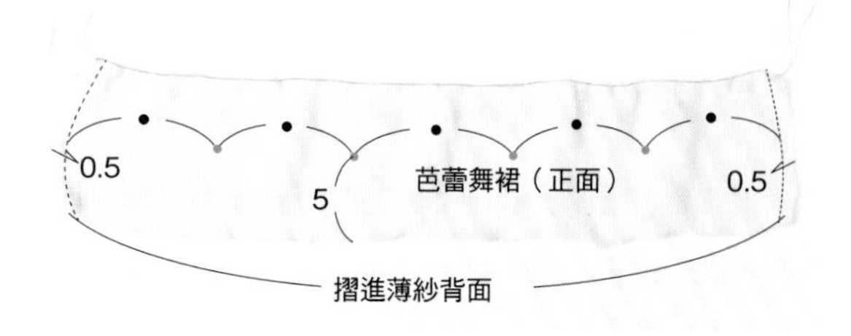

1　薄紗的上方車縫抓皺線。

2　將階段1正面的寬度分成5等分，在需要縫上緞帶的位置作記號。薄紗左右兩端向布料背面摺進0.5cm。

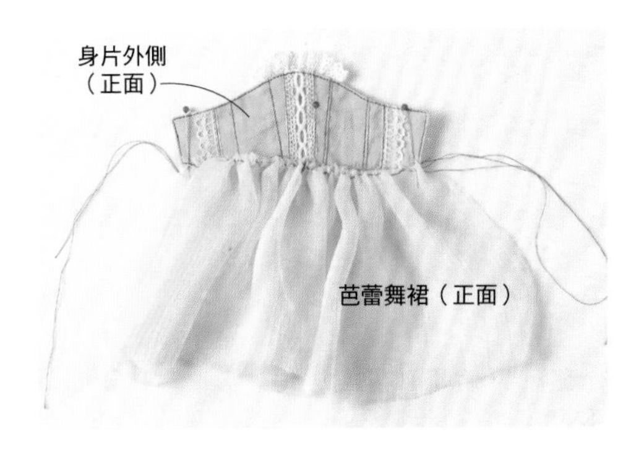

3
將芭蕾舞裙碎褶的縫份對齊身片下方約0.2cm的位置，以珠針固定兩端之間的均等間隔。配合身片的寬度，抽出薄紗的碎褶。

4 從紗裙的上端車縫，須確實車縫至兩側底端。

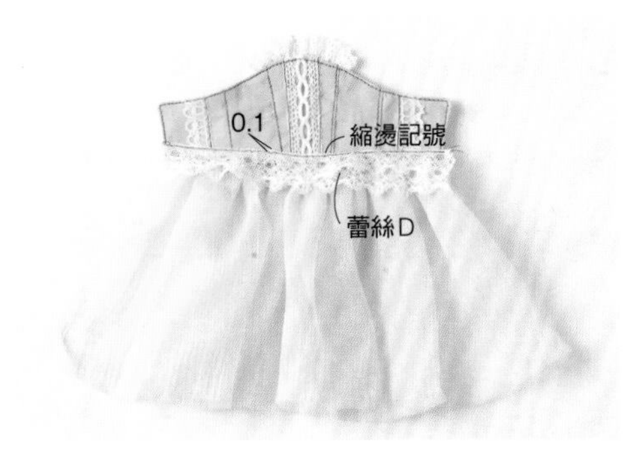

5 將蕾絲D稍微摺出波形，疊上階段4的成品，從縫份上車縫。

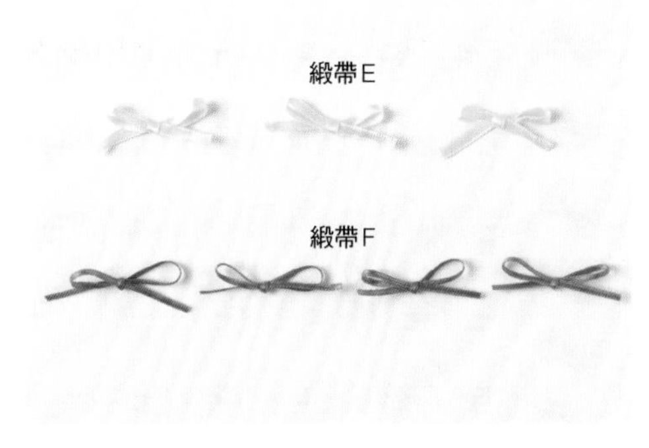

6 將緞帶E、F各自剪成10cm長，綁成蝴蝶結。

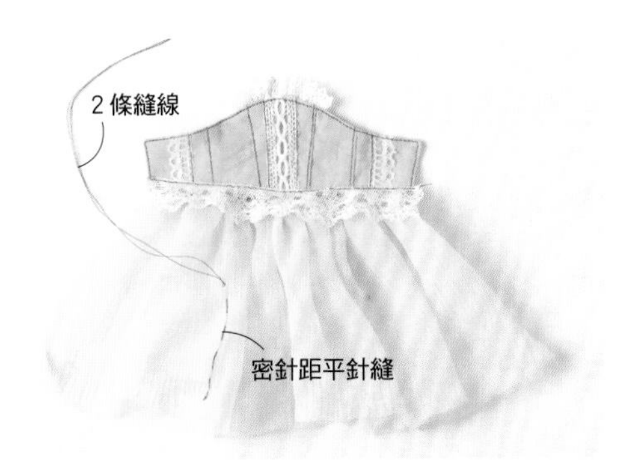

7 取兩條縫線，從芭蕾舞裙的下端至緞帶記號處，以較密的針距（0.2mm）縫上平針縫。

8 將階段7的縫線拉緊，在記號位置打結。

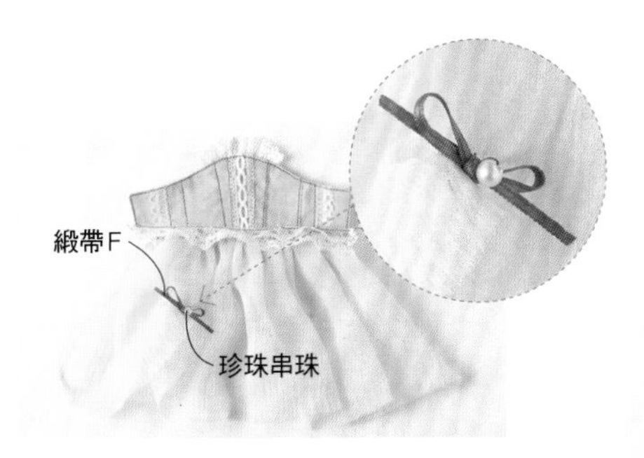

9 縫上緞帶F與珍珠串飾。其他部分也以相同方式進行。

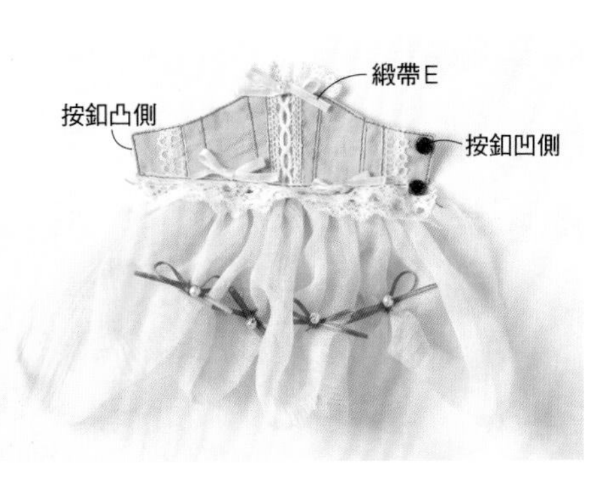

10
將緞帶E縫上前身片上方的中央與側片下方的中央位置。在左側後身片的邊側與裡布的右端各自縫上按釦，可讓娃娃穿上衣服確認後再決定按扣位置。

P.13 白色燈籠襯褲

實物大小紙型　　P.88

● 材料　＊布面尺寸為橫×縱

精梳細棉布（白色）…S：20cm×7cm、M：22cm×10cm、L：23cm×13cm
寬度1.8cm的棉質蕾絲荷葉邊…S：7cm×2條、M：11cm×2條、L：12cm×2條
寬度3cm的鬆緊帶…S・M・L共通：30cm

● 製作方式

＊照片內的數字單位為cm。
＊本章使用和實際作品不同的布料及紅色縫線進行示範，以凸顯車縫效果。
　實際作業時，則使用和布料、蕾絲相同顏色的縫線進行縫製。

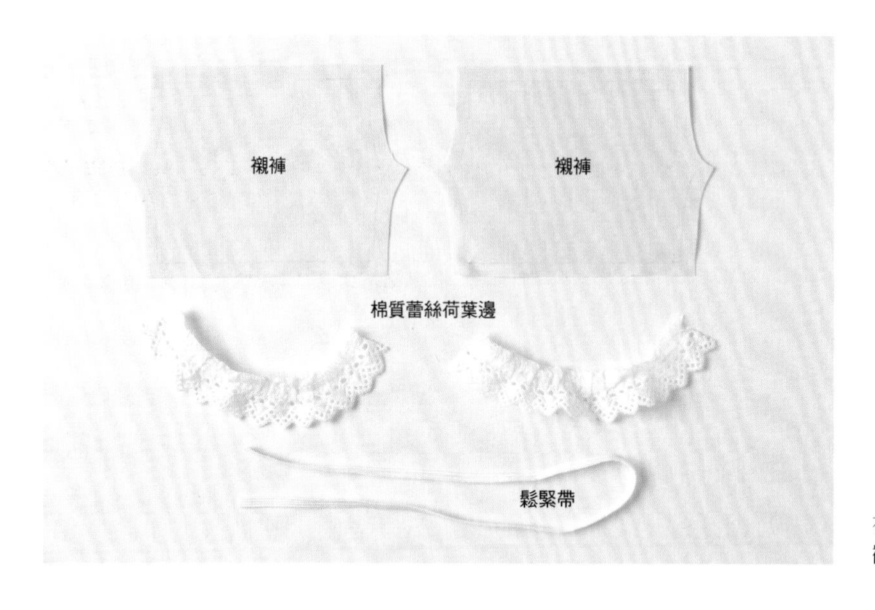

在布料背面放上紙型，裁出2片襯褲。四周做好防散口處理。

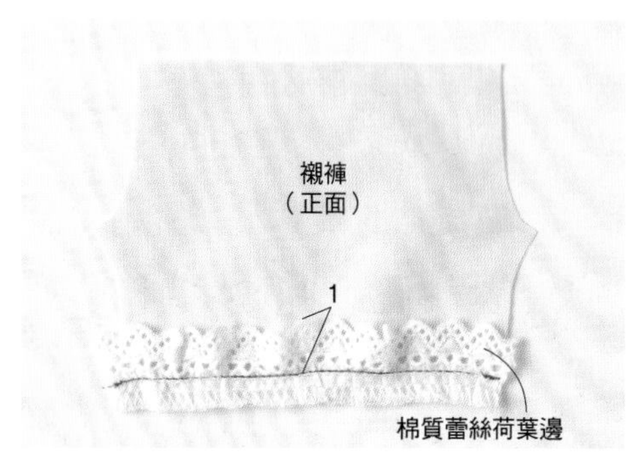

1　襯褲正面的褲襬與蕾絲正面相疊，確實車縫至兩側底端。

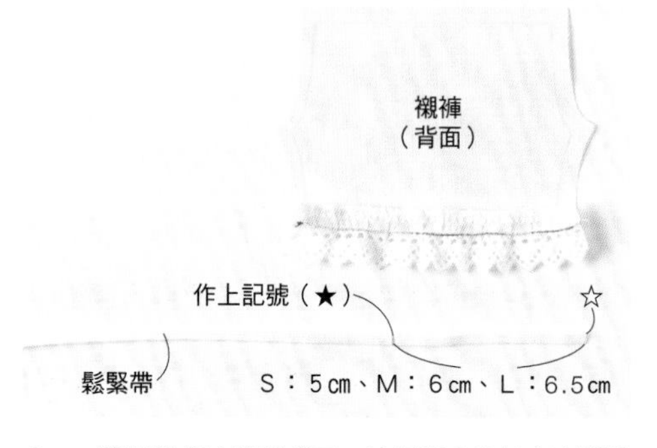

2　將縫份摺向襯褲背面。按照指定的長度在鬆緊帶上作記號。

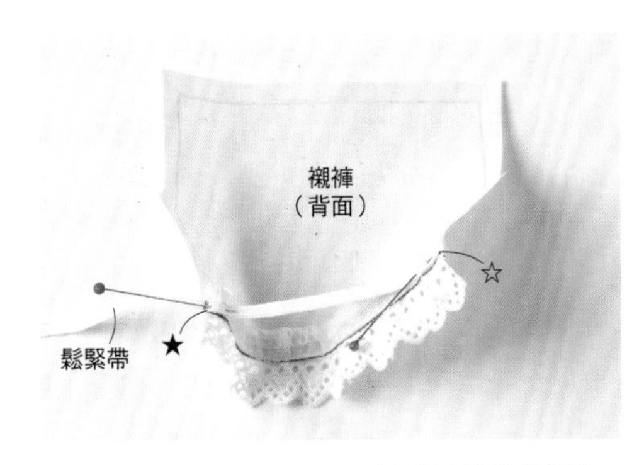

3 將襯褲的左右兩端，各自對準鬆緊帶的記號★和☆兩端，以珠針固定。

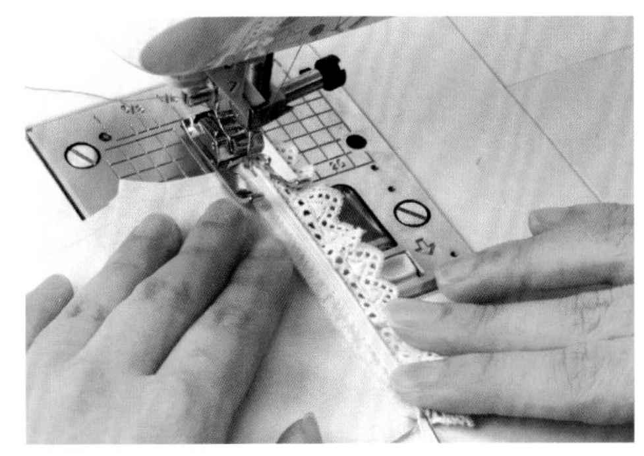

4 襯褲背面朝上，將鬆緊帶拉開，從★至☆與襯褲車縫在一起。

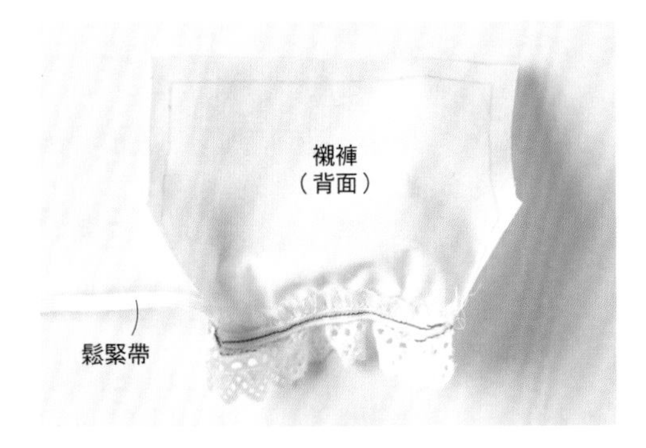

5 鬆緊帶縫上後的階段。縫上後將鬆緊帶從記號★處剪下。以相同方式縫製另一片襯褲裁片。

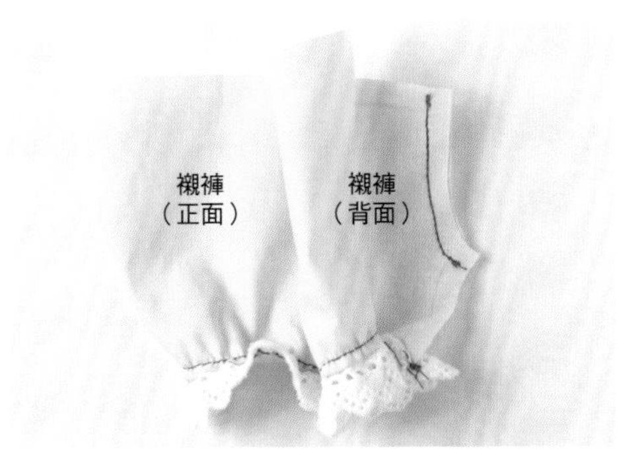

6 將兩片襯褲正面相疊，背面朝外縫上一側褲襠，並將縫份左右分開壓平。

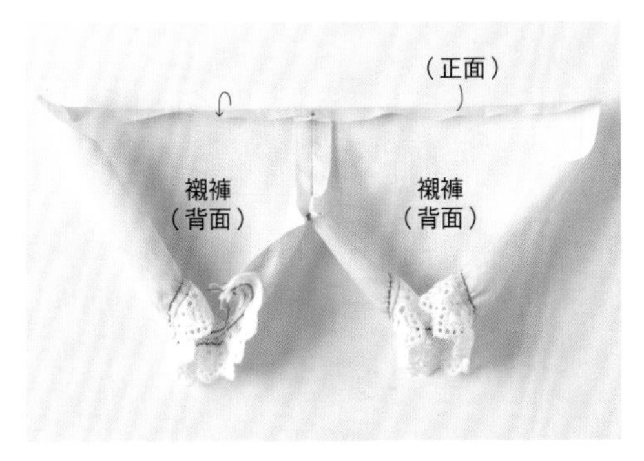

7 將上方縫份摺進布料背面。在鬆緊帶上，S：6cm、M・L：8cm處作記號。

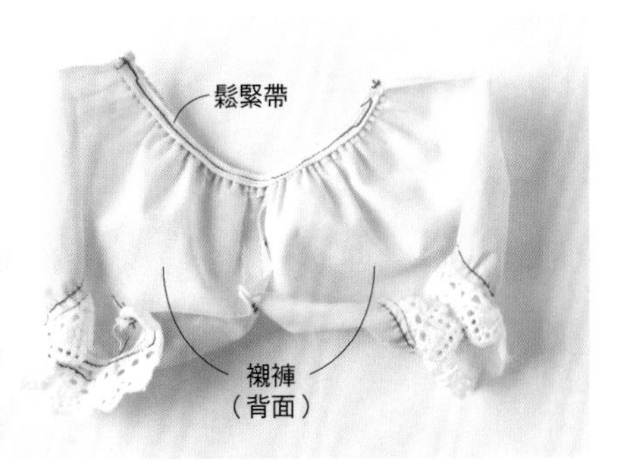

8 將鬆緊帶放在階段7的縫份上，以階段3～5相同的方式縫上。

9 將襯褲正面相疊，背面朝外縫上另一側褲襠。將縫份左右分開壓平。

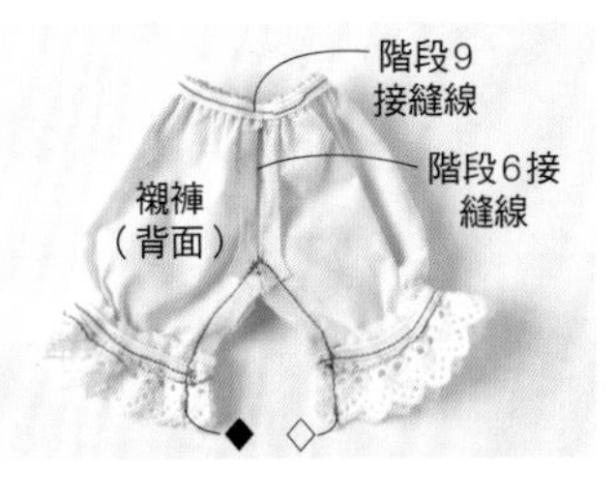

10 對齊階段6與階段9的接縫線，從◆至◇縫上襯褲的內襠。

11 完成。

P.13　條紋及膝長襪

實物大小紙型　　P.93

● **材料**　＊布面尺寸為橫×縱

針織布（白色和黑色的條紋）…S：12cm×10cm、M：14cm×12cm、L：14cm×14cm
厚紙板…按紙型的尺寸

● **製作方式**

＊照片內的數字單位為cm。
＊本章使用和實際作品不同的布料及紅色縫線進行示範，以凸顯車縫效果。
實際作業時，則使用和布料、蕾絲相同顏色的縫線進行縫製。

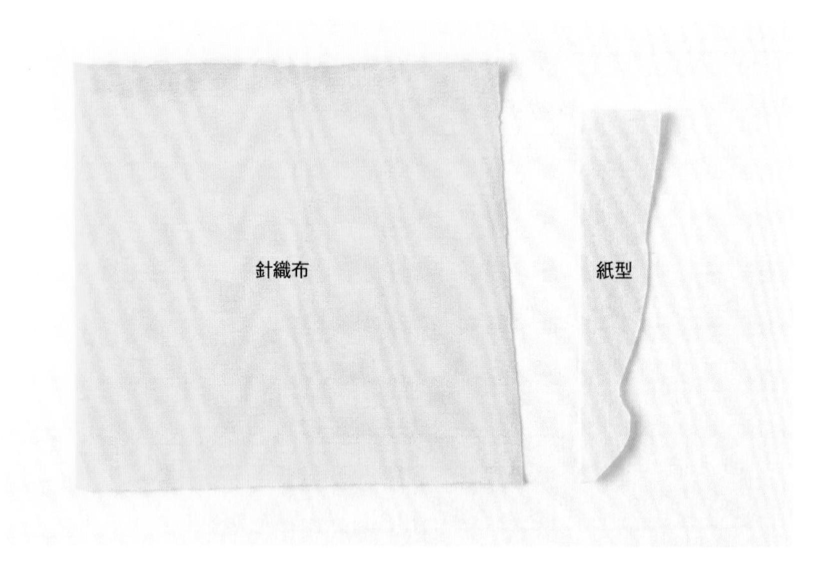

以膠水將複印的紙型貼在厚紙板上，裁出備用。不直接在布面描出紙型。

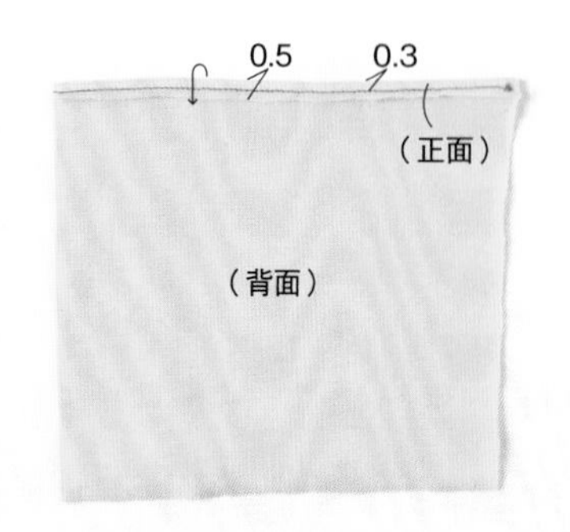

1　將布料上方向背面摺進0.5cm，縫上邊線。可不使用回針縫固定。

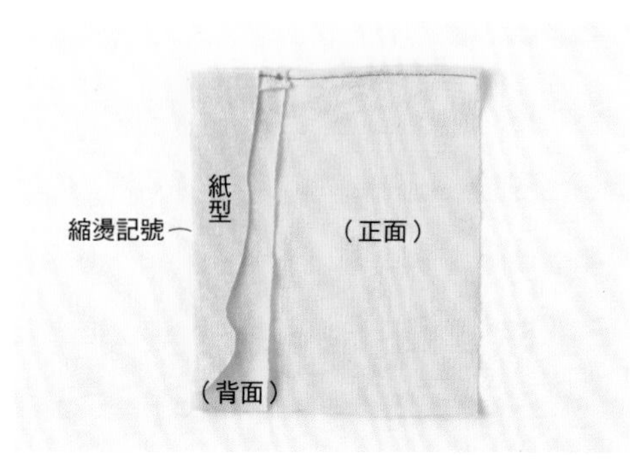

2　將布料左半側背面朝外對摺，對齊上方邊線放上紙型。

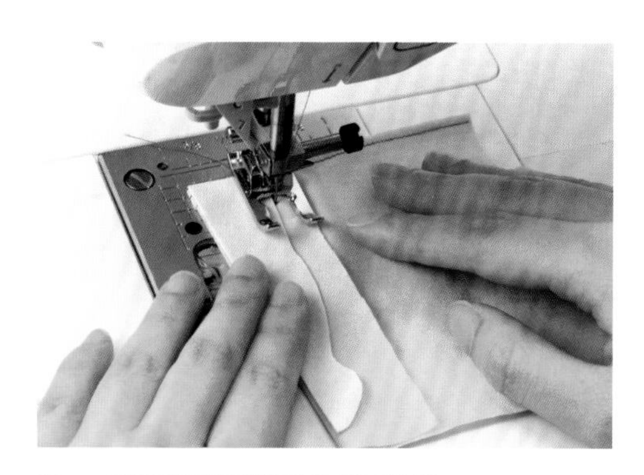

3　直接沿著紙型開始進行回針縫。

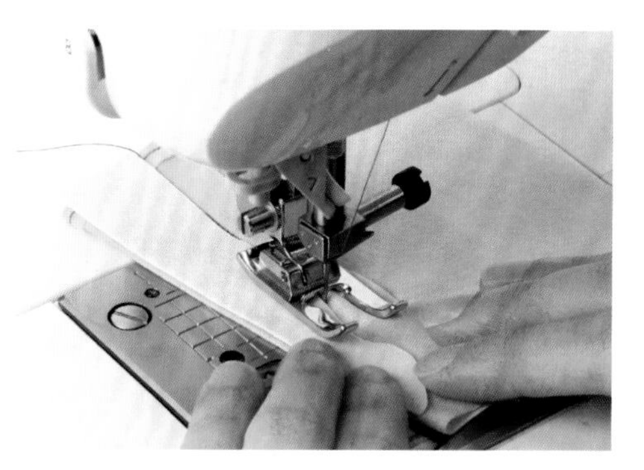

4　車縫過程中，須確實按好紙型避免移位，縫至最後並進行倒縫回針。

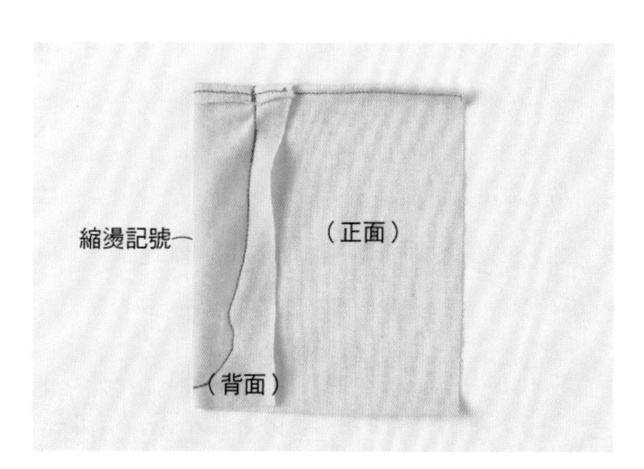

5　縫合完成的階段。

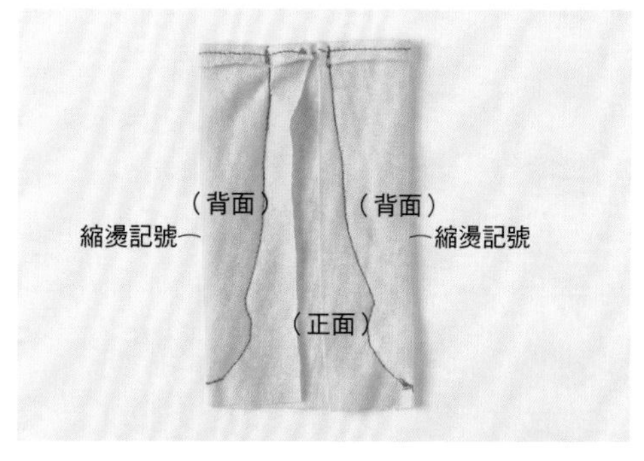

6　布料右半側背面朝外對摺。將紙型翻面放上，以階段3、4相同的方式縫合。

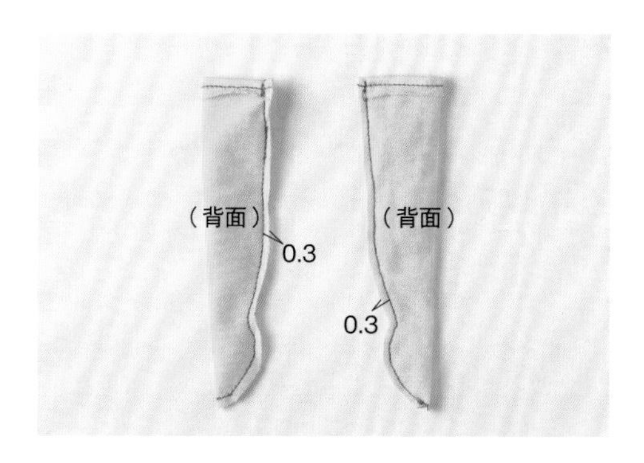

7　預留0.3mm的縫份後，裁下多餘的部分。

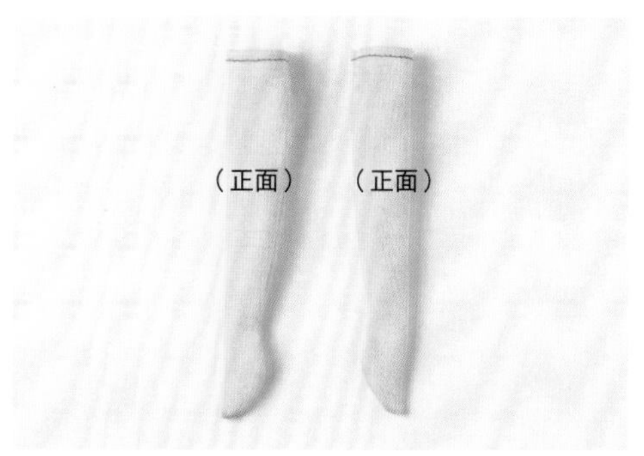

8　翻回正面。完成。

P.09 荷葉邊吊帶褲

實物大小紙型　　P.95
前褲片、後褲片、肩帶、荷葉邊、腰口貼邊

● **材料**　＊布面尺寸為橫×縱

精梳細棉布（印花）… S：30cm×20cm、M：40cm×24cm、L：42cm×28cm
直徑5mm的按釦 … 1組

● **製作方式**

＊照片內的數字單位為cm。
＊本章使用和實際作品不同的布料及紅色縫線進行示範，以凸顯車縫效果。
　實際作業時，則使用和布料、蕾絲相同顏色的縫線進行縫製。

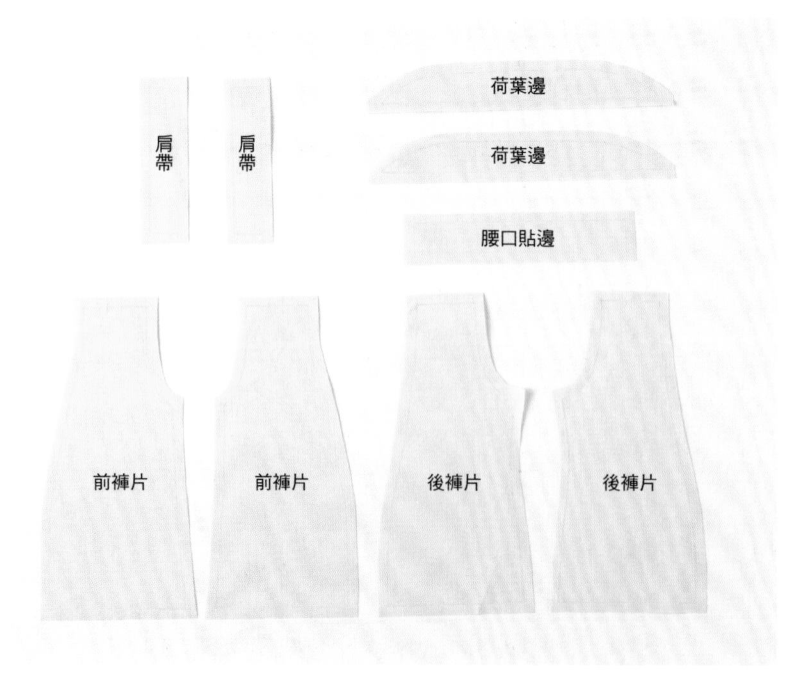

在布料的背面放上紙型，裁出2片肩帶、2片荷葉邊、1片腰口貼邊、前褲片左右對稱各1片，以及後褲片左右對稱各1片。四周做好防散口處理。

製作肩帶

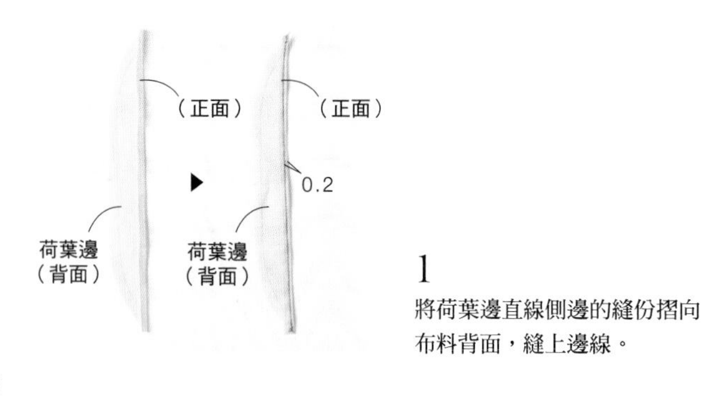

1
將荷葉邊直線側邊的縫份摺向布料背面，縫上邊線。

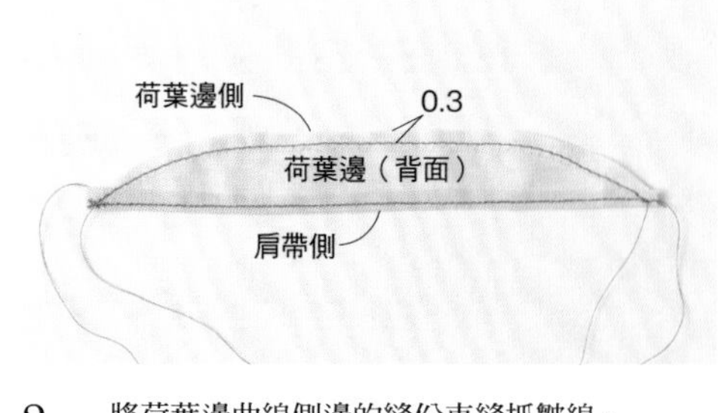

2　將荷葉邊曲線側邊的縫份車縫抓皺線。

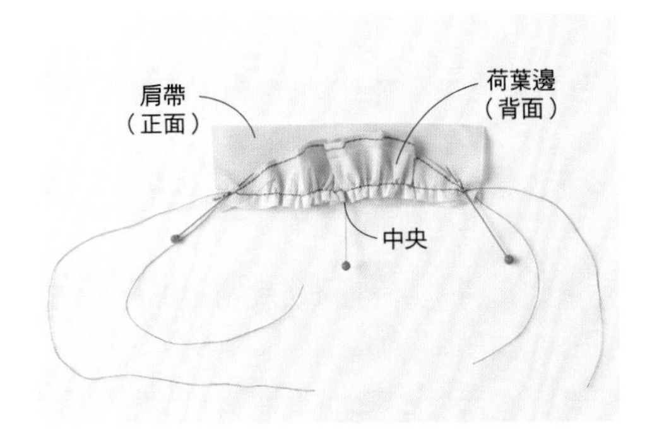

3
將肩帶與荷葉邊正面相疊，背面朝外，以珠針固定左右兩端和中央。配合肩帶的寬度，抽出荷葉邊的碎褶。

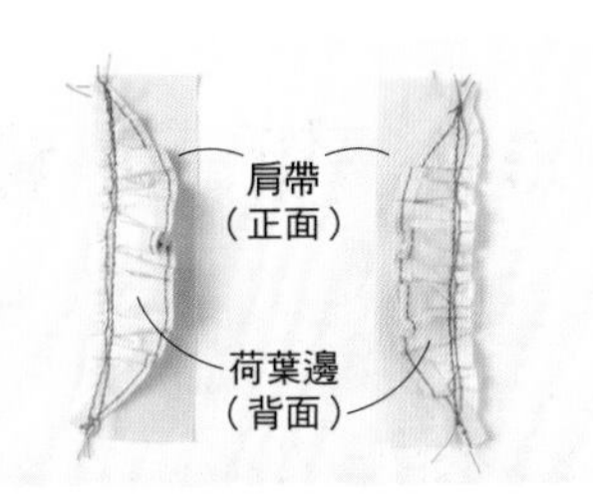

4 從抽出碎褶的荷葉邊側與肩帶縫起，須確實車縫至兩端底側。

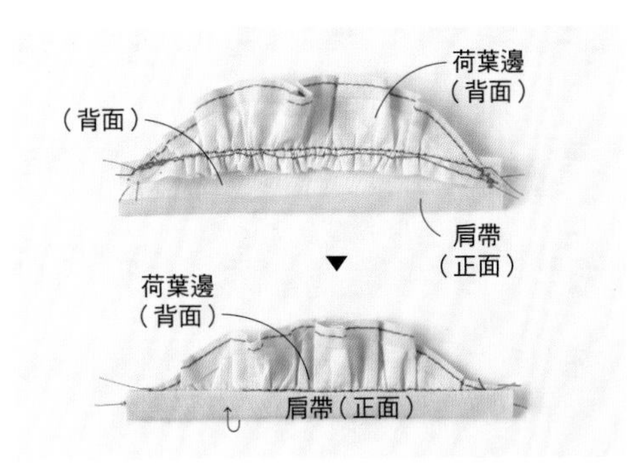

5 將肩帶布料另一邊的縫份抓三等份距離朝內折起，將縫份包覆在內。

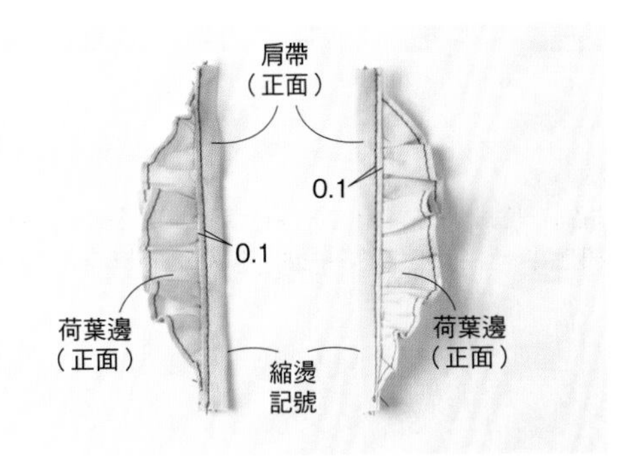

6 由荷葉邊的正面車縫肩帶邊線。此面即肩帶的正面。

製作褲子

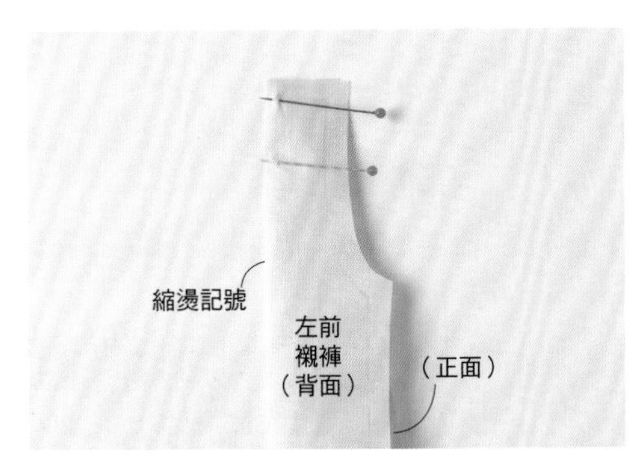

1 將前褲片正面相疊摺起，背面朝外，將打褶線互相對齊，以珠針固定。

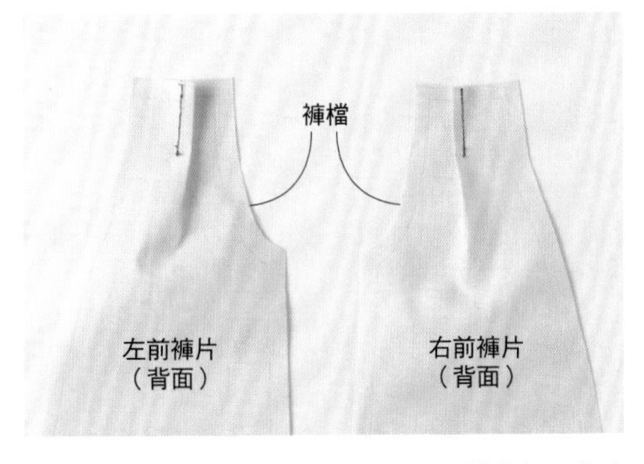

2 在打折線上方車縫，將縫份摺向褲檔側，完成打褶。

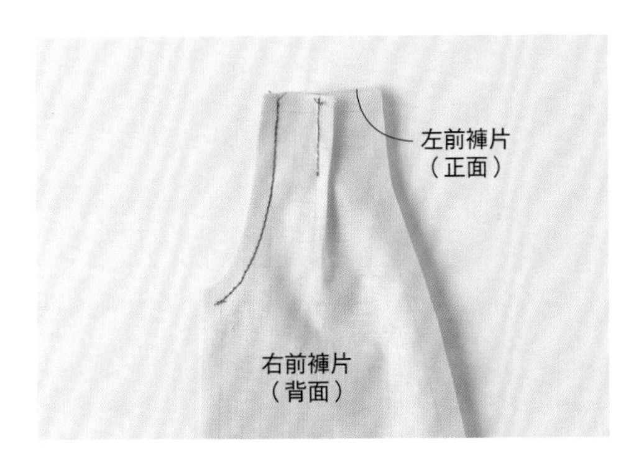

3 兩片前褲片正面相疊，背面朝外縫起褲檔，須車縫至腰側的端點。

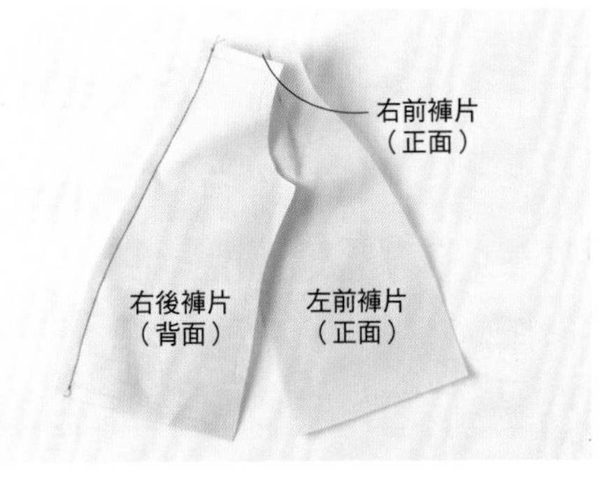

4 將右前褲片與右後褲片以正面相疊，背面朝外縫起外側線，須車縫直至腰側的端點。

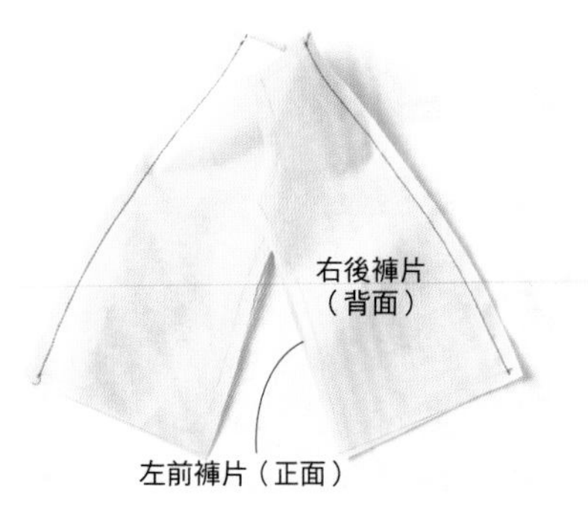

5　和階段4相同，將左前褲片與左後褲片正面相疊、背面朝外縫起。

6　階段3～5縫起的縫份，全數左右分開壓平。

將肩帶縫上褲片

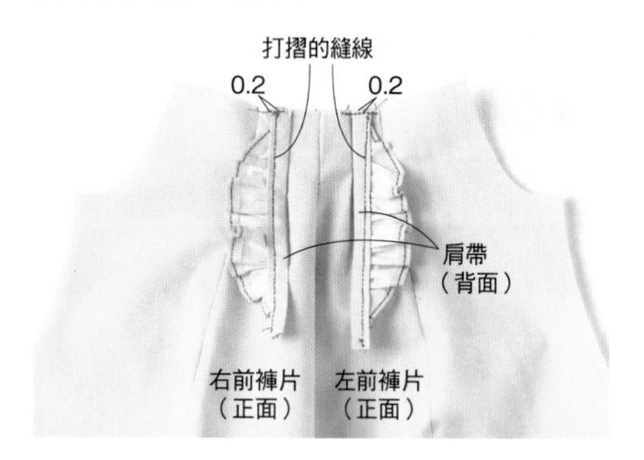

1
將肩帶疊至褲片打折處，背面朝外，以縫線暫時固定。

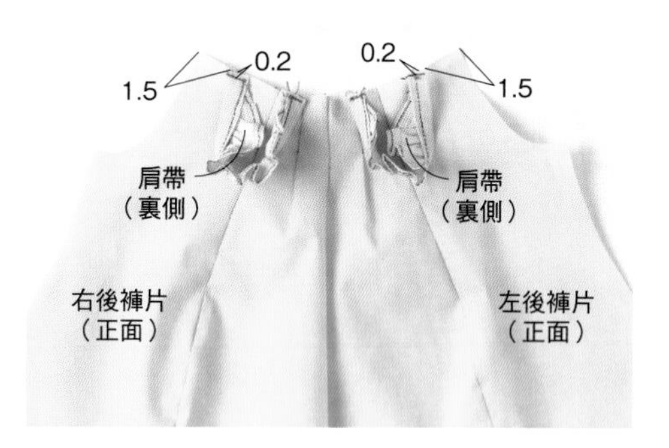

2
將肩帶的另一端對齊後褲片的位置，以縫線暫時固定。

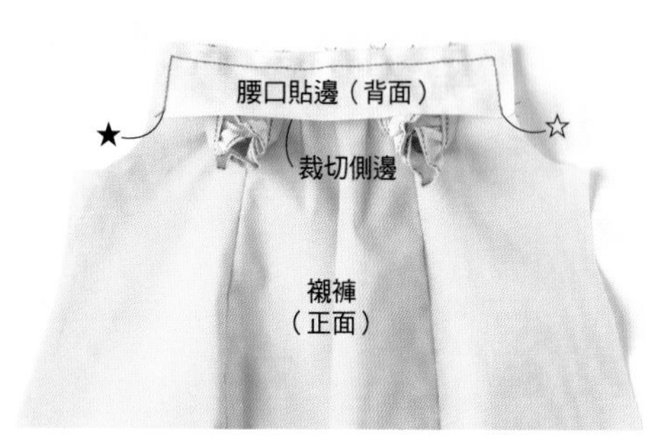

3　將腰口貼邊（有縫份的那側）與褲片腰側正面相疊，腰口貼邊背面朝上車縫，自★縫至☆。

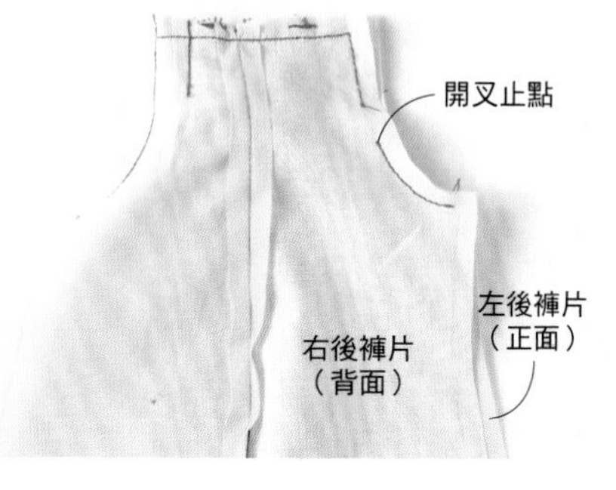

4　將2片後褲片正面相疊，背面朝上，將褲檔縫起至開叉止點。

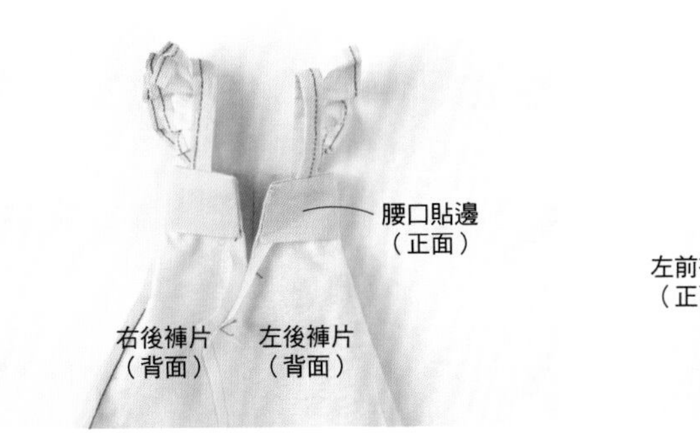

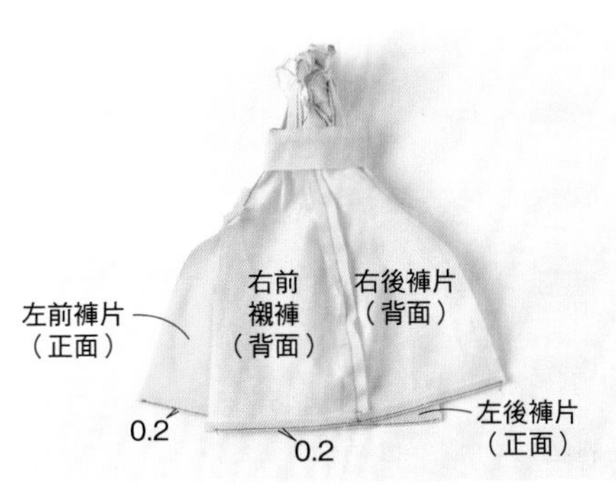

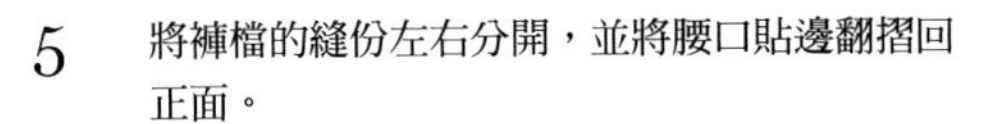

5　將褲檔的縫份左右分開，並將腰口貼邊翻摺回正面。

6　褲擺的縫份各自摺進布料背面縫起。

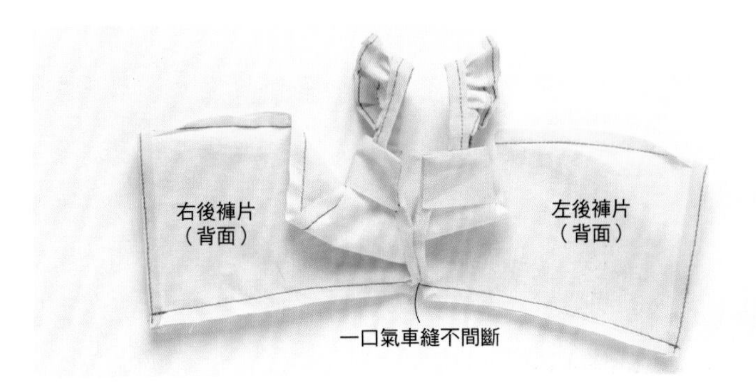

7

將左前褲片與左後褲片、右前褲片與右後褲片各自正面相疊，背面朝外，從褲襠接縫處底至褲腳將褲片內檔縫起。

point

前褲片與後褲片的褲檔處以珠針固定，可避免布料偏移或縫線歪斜。

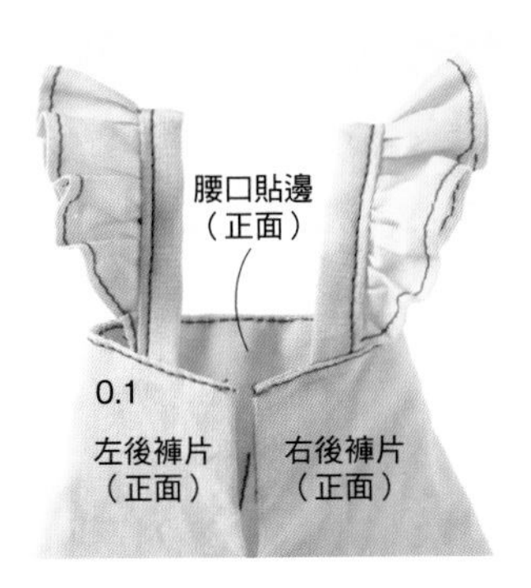

8　翻回正面，將腰口側縫起。

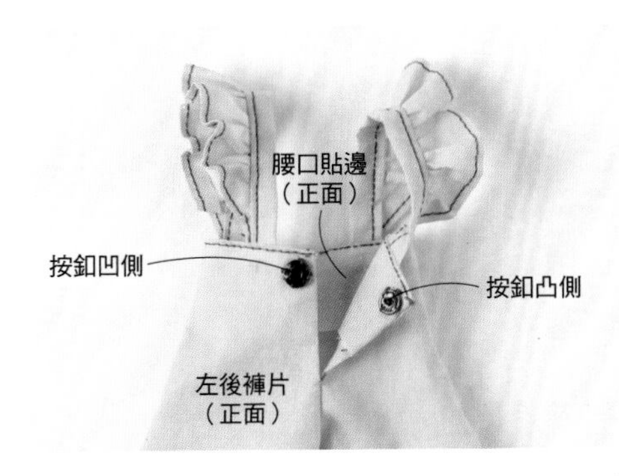

9　縫上按釦。可讓娃娃穿上衣服確認後再決定按扣位置。

10　完成。

P.25 閃亮澎裙小禮服

實物大小紙型　　P.94
身片、前內裙片、後內裙片、外裙片

● **材料**　＊布面尺寸為橫 × 縱。

山東綢（紅）… S：30cm× 17cm、M：40cm× 23cm、L：46cm× 26cm
薄紗（紅）… S：35cm× 13cm、M：45cm× 15cm、L：50cm× 18cm
布襯 … S・M・L共通：12cm× 12cm
直徑5mm的按釦 … 2組

● **製作方式**

＊照片內的數字單位為cm。
＊本章使用和實際作品不同的布料及紅色縫線進行示範，以凸顯車縫效果。
　實際作業時，則使用和布料相同顏色的縫線進行縫製。

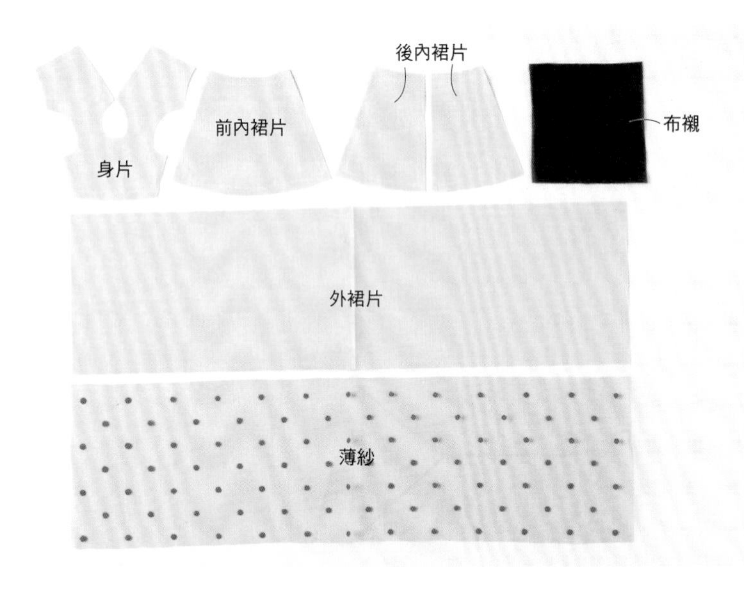

在山東綢的背面放上紙型，裁出1片身片、片1片前內裙、左右對稱的後內裙片各1片，及1片外裙片。四周做好防散口處理。

縫製身片

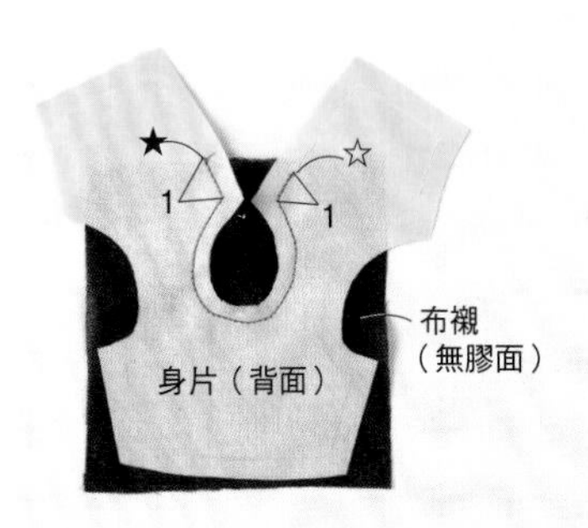

1　將布襯的無膠面和身片正面的領口相疊，自★縫至☆。

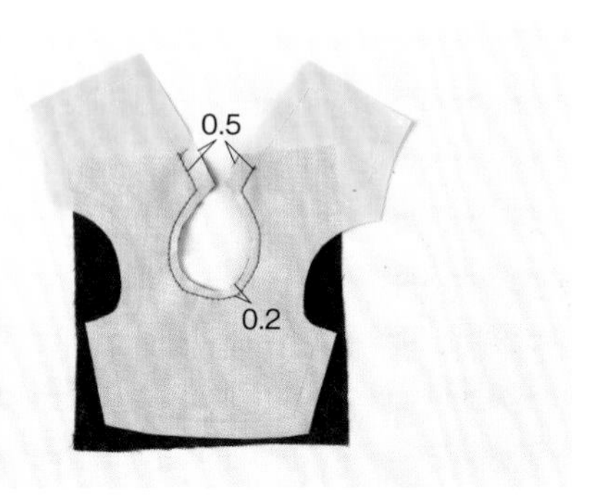

2　剪下在階段1縫起的布襯。在領口部分預留較窄的縫份。

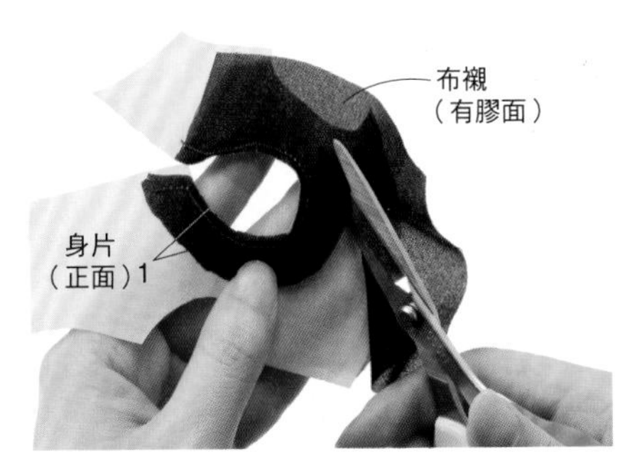

3　自縫份起預留1㎝，剪下與身片相疊的布襯。

4　剪下布襯的狀態。未剪下部分保持原狀即可。

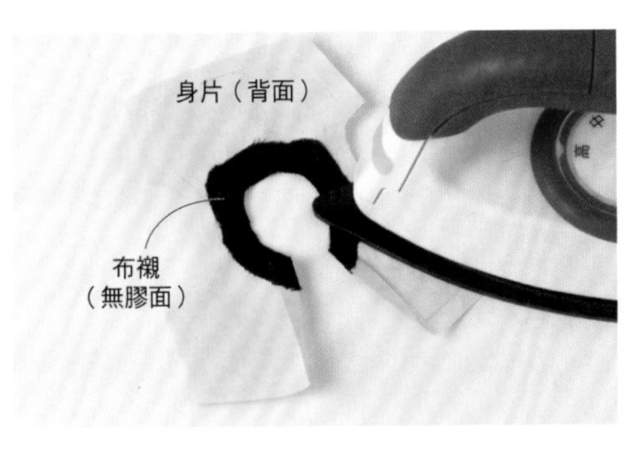

5　將領口布襯摺向身片的布料背面，以熨斗燙貼布襯，讓布襯貼黏在身片上。

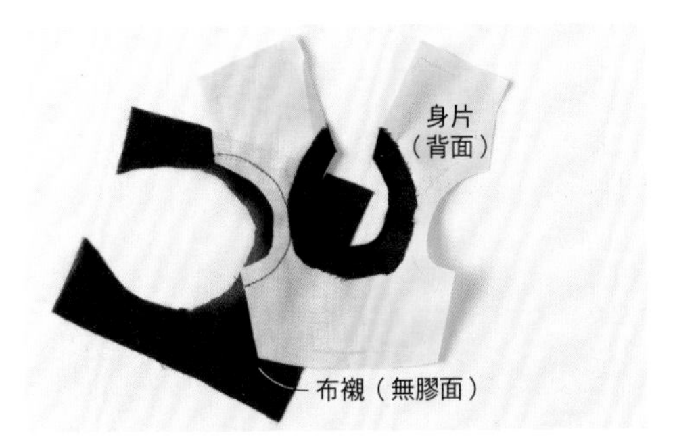

6　將餘下布襯的無膠面，和身片正面的袖口相疊、縫上。

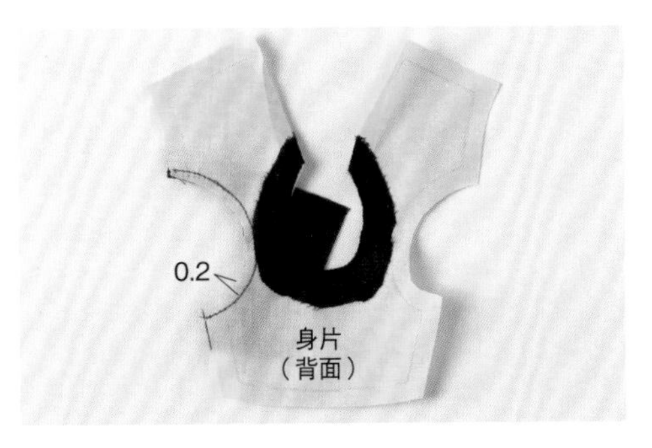

7　以階段2相同的方式剪下布襯，留出縫份。

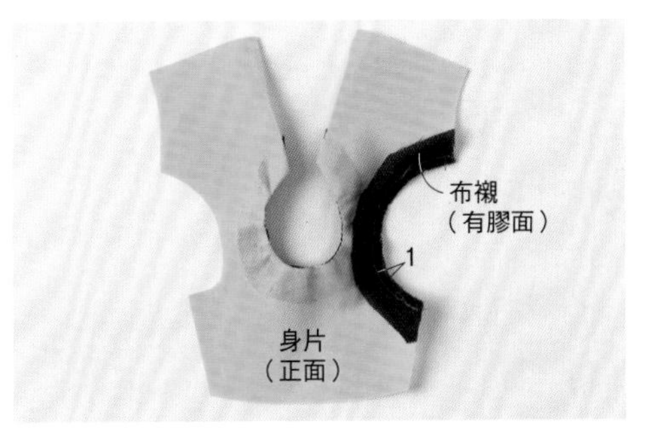

8　自縫份起預留1㎝，剪下與身片相疊的布襯。

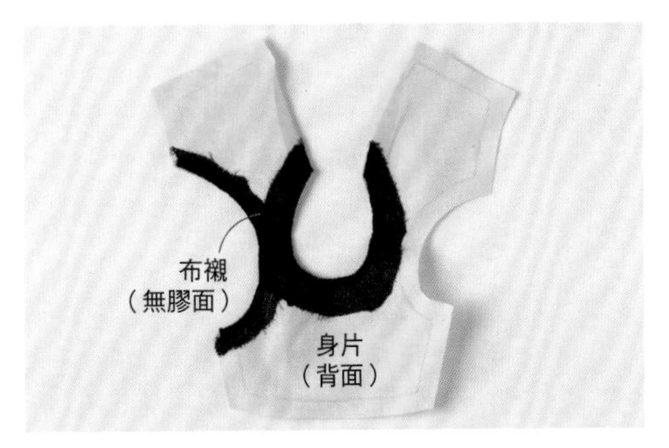

9　將袖口布襯摺向身片的布料背面，以熨斗燙貼布襯，讓布襯貼黏在身片上。

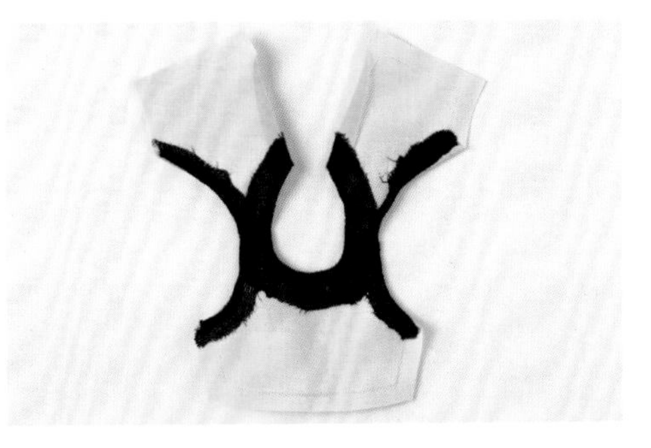

10　另一側的袖口也與階段6～9相同，縫上布襯貼起。

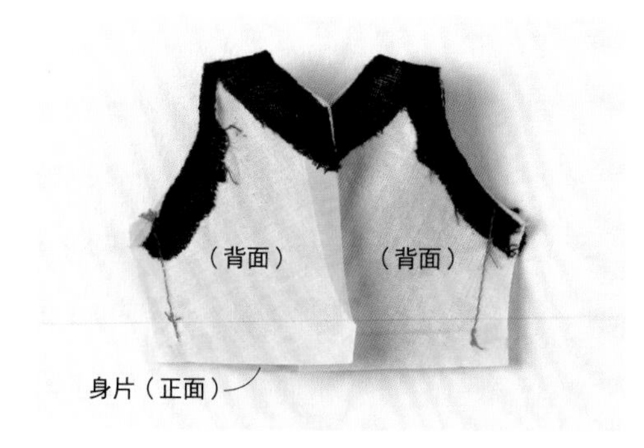

11 將身片正面相對摺起，兩側沿完成線縫起。袖口處須車縫到底。

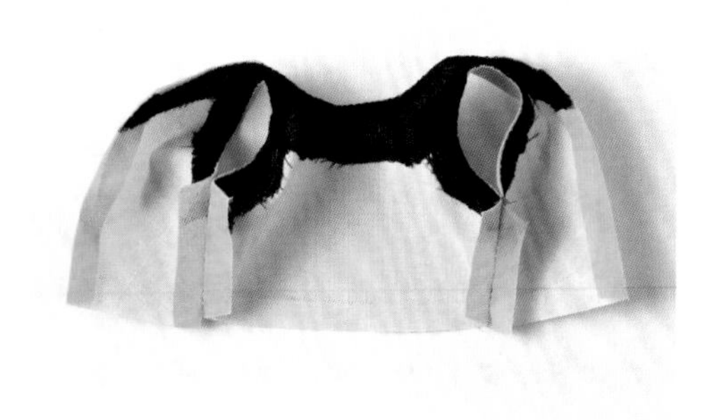

12 將兩側側邊的縫份左右分開壓平。完成身片的縫製。

縫製裙面

1 將前內裙片與1片後內裙片正面相疊，背面朝外，沿完成線縫起。裙擺側須縫至布邊。

2 另1片後內裙片與前內裙片未縫合側相疊，背面朝外，以階段1同樣方式縫起。

3 左右分開壓平兩側縫份。完成內裙片的車縫。

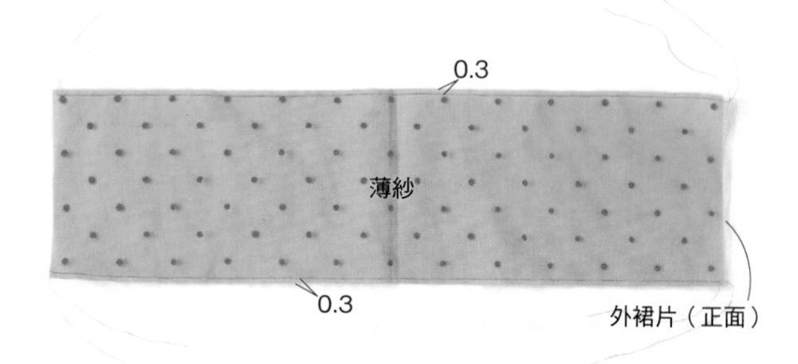

4 外裙片正面與薄紗相疊，上下邊緣車縫抓皺線。

外裙片背面

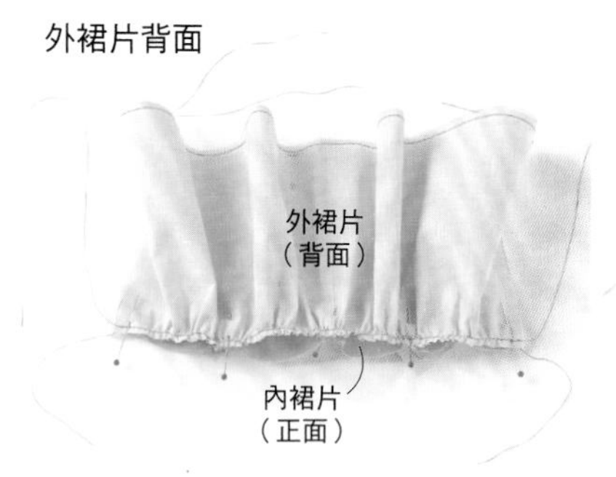

內裙片背面

外裙片
（正面）

內裙片
（背面）

5
將外裙片與內裙片正面相疊，背面在外，裙擺左右兩端和中央記號處以珠針固定。內裙片裙擺接縫處對齊外裙片的合印記號，也以珠針固定。配合內裙片的寬度，抽出外裙片的碎褶。

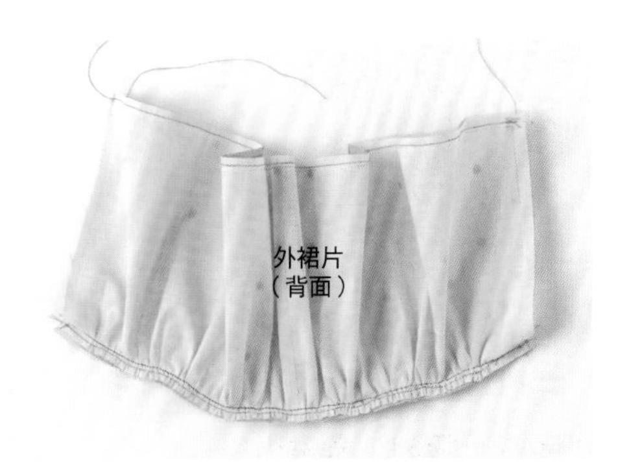

6　將抽出碎褶的外裙片與內裙片縫合。

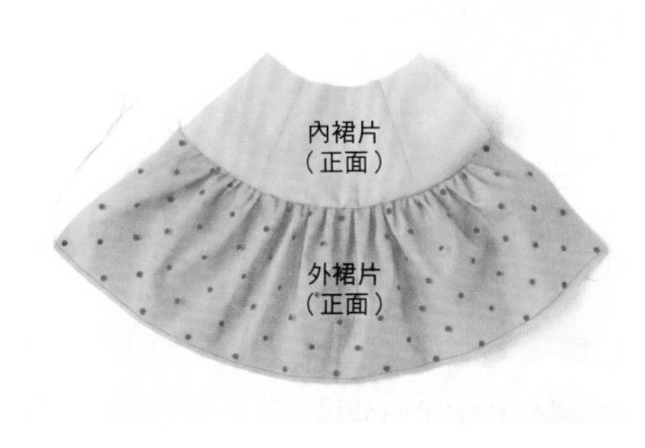

7　展開階段6的成品，縫份摺向內裙片方向。

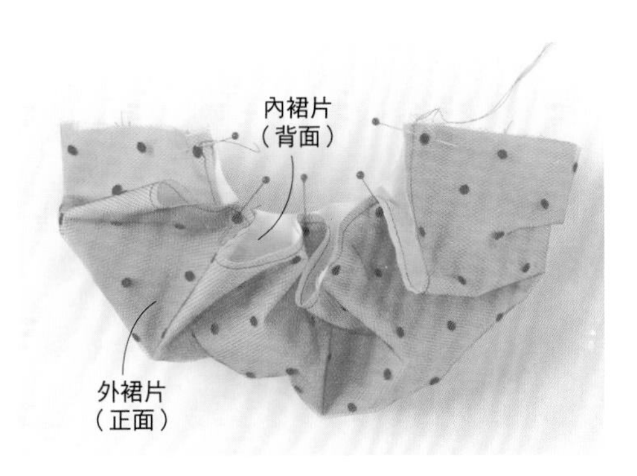

8
將內外裙片背面相對疊起，對齊腰際的左右兩端和中央的記號，以珠針固定。在內裙片接縫處與外裙片的合印記號對齊，再以珠針固定。

9　配合內裙片的寬度，抽出外裙片的碎褶。

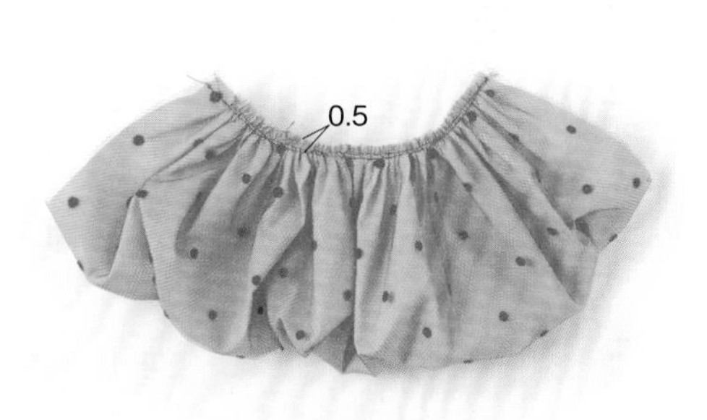

10　將抽出碎褶的外裙片與內裙片，於距邊線0.5cm處縫合。

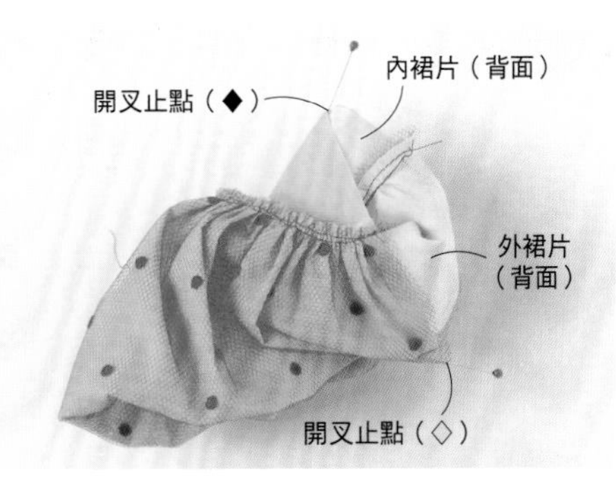

11　將裙片兩側開口處正面相疊，抓開內裙片與外裙片，分別以珠針固定內外裙片的開叉止點。

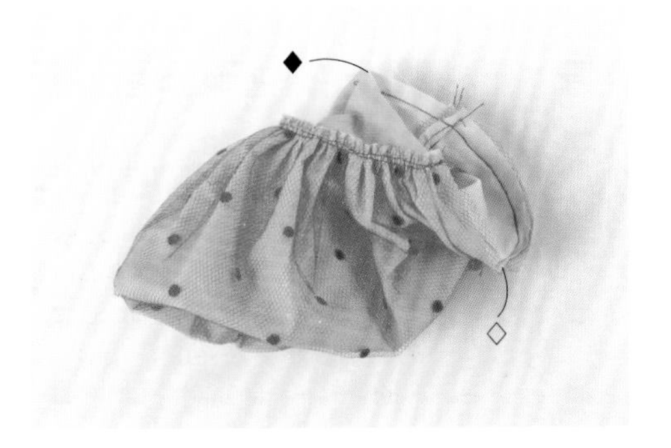

12　由內裙片的開叉止點縫至外裙片的開叉止點（即從◆縫合至◇）。

13　縫合完成的階段。

縫上裙片

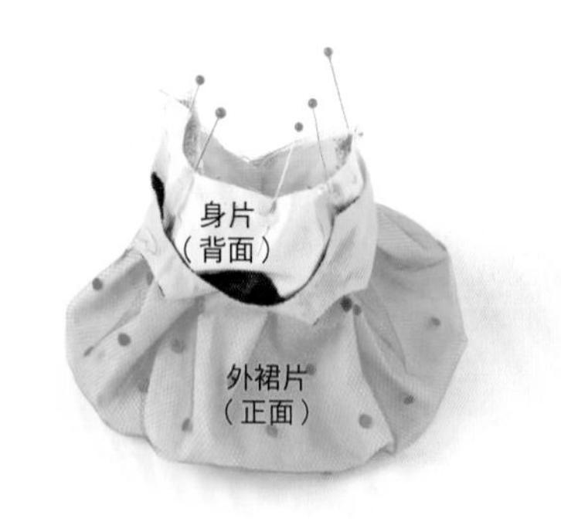

1

外裙片與身片正面相疊，身片背面朝外，左右兩端對齊後以珠針固定。中心與間隔處也以珠針固定。

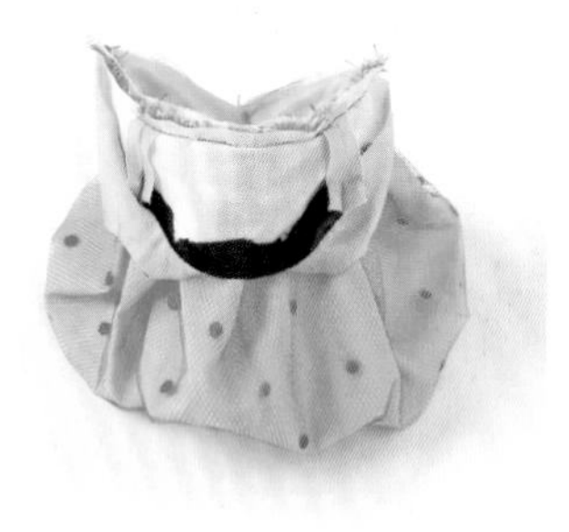

2

將裙片縫上身片，須確實車縫至兩端底側。縫份摺向身片側壓平。

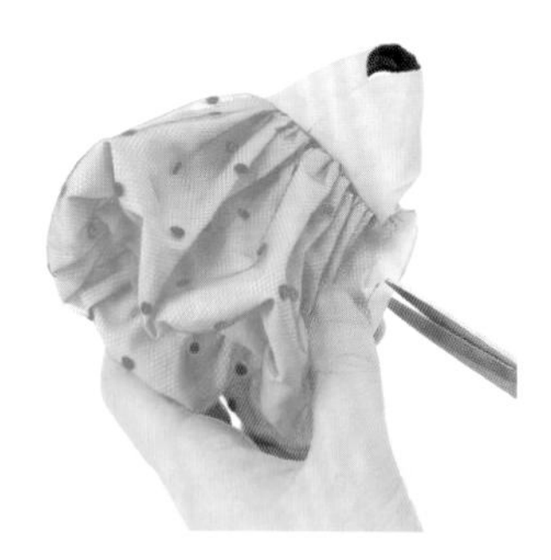

3

在裙片開叉止點的縫份上剪開剪口。

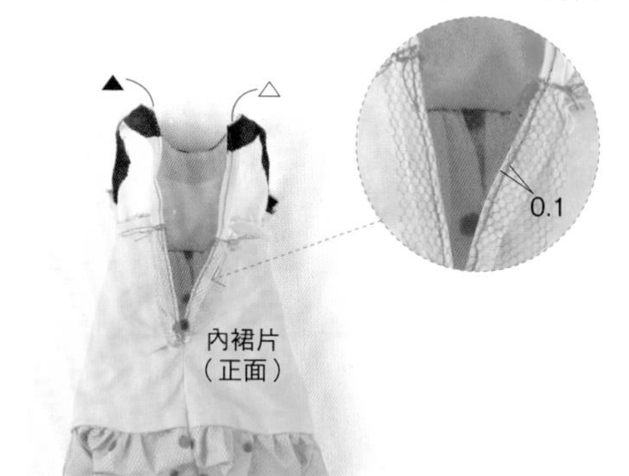

4

洋裝背面朝外翻開，將開叉止點以上的身片縫份與裙片縫份摺向布料背面，從▲車縫固定至△處。

point

縫上開叉止點時，小心不要將裙片部分縫死。

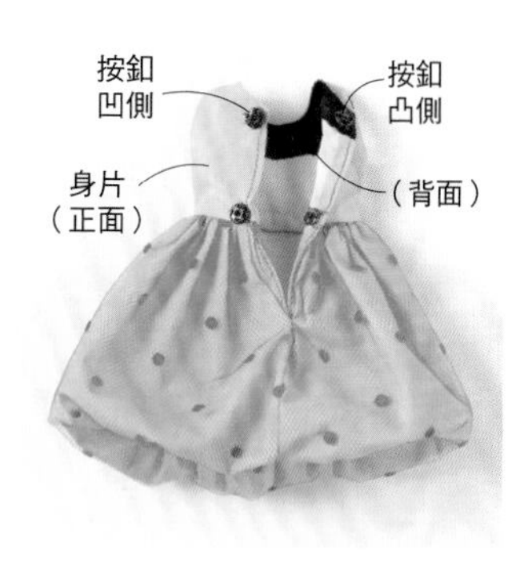

5

縫上按釦。按釦位置，讓娃娃穿上確認後再決定即可。

6

完成。

HOW TO MAKE AND PATTERN

製作方式和紙型

*以材料標記所需的布料尺寸為準。使用手邊既有布料時，先在布料上擺排紙型確認。
新購入的布料，須先確認好作品中最長紙型的長度，以能容納下該紙型的長度為基準。

*於標記在材料部分的布料尺寸進行剪裁時，可於日本文藝社的網站確認所有紙型的配置圖。
http://sp.nihonbungeisha.co.jp/dolloutfit/

*圖片內的數字單位為cm。

*除了碎褶用抓皺線外，車縫開始和結束都須倒縫回針。進行整圈車縫時，則須讓開始和結束的縫線重疊。

*使用和布料相同顏色的縫線。

*附錄紙型以不同顏色區分尺寸。紙型可於複印後直接裁剪使用，確認作品與尺寸後，配合需求複印1至2份裁剪使用。

P.07
薄紗芭蕾裙撐

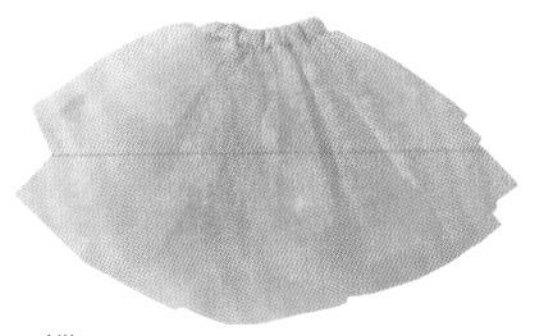

● 材料　＊布面尺寸為橫×縱。

薄紗
A（粉紅色表面帶粉紅色心型花紋）…
S：60cm×10cm、M：70cm×14cm、L：70cm×20cm
B（粉紅色）…
S：60cm×5cm、M：70cm×7cm、L：70cm×10cm
C（水藍色）…
S：60cm×22cm、M：70cm×31cm、L：70cm×40cm
精梳細棉布（粉紅色）…S・M・L共通：15cm×3cm
寬度3cm的鬆緊帶…S・M・L共通：15cm

● 製作方式

1 將薄紗重疊、縫起

①如圖將薄紗C以3等分重疊摺起。

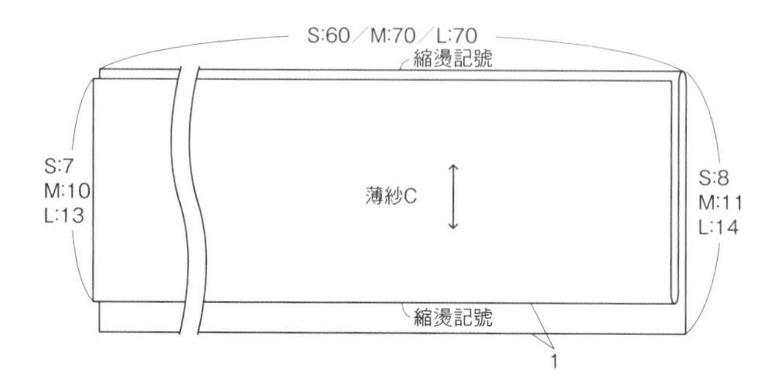

②薄紗A花紋朝外對摺，B、C依序重疊，上方車縫抓皺線。

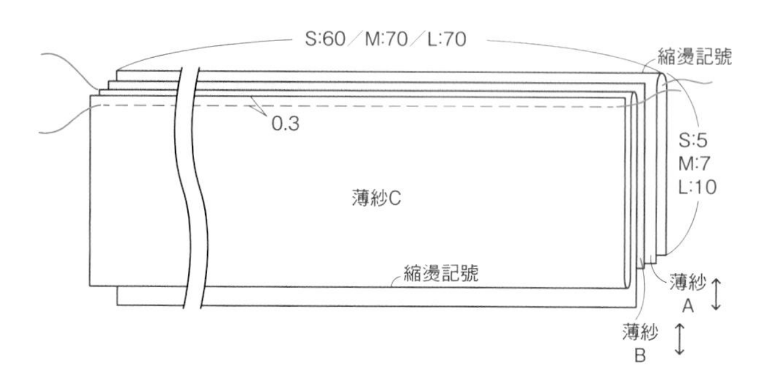

2 縫上腰帶

①精梳細棉布的左右兩端各留0.5cm縫份。

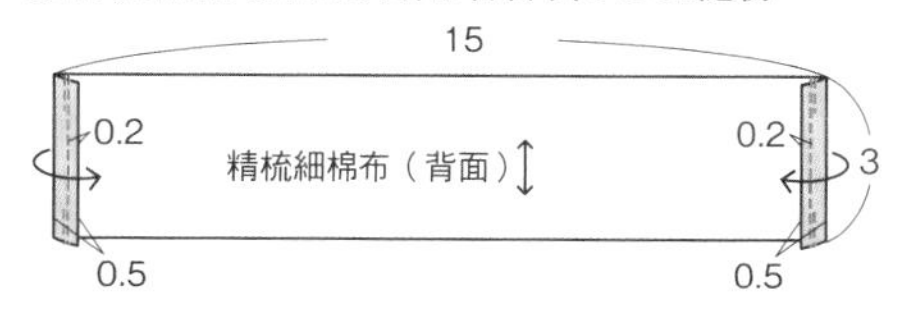

②上下兩端也各留0.5cm縫份，對摺出中央的摺線。

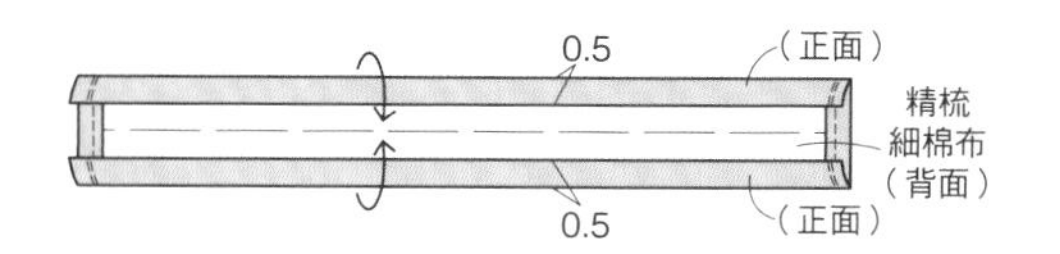

③以P.43、44「縫上圍裙主體」中，以階段5相同的方式，將階段❷的中央對摺打開，以正面與階段1的薄紗A相疊。配合精梳細棉布的寬度（15cm），收緊上線以縮短薄紗寬度，將薄紗的左右兩端摺進0.5cm，並於上端0.5cm處縫起。

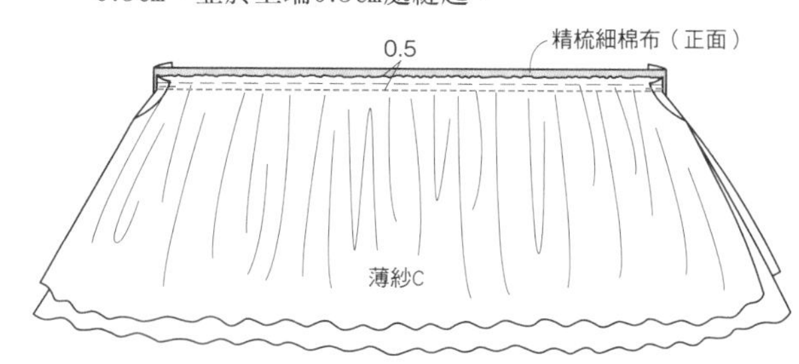

④將精梳細棉布沿階段❷的摺線摺向薄紗C側，包起薄紗邊緣，邊線以斜針縫法縫起。以此面為背面。

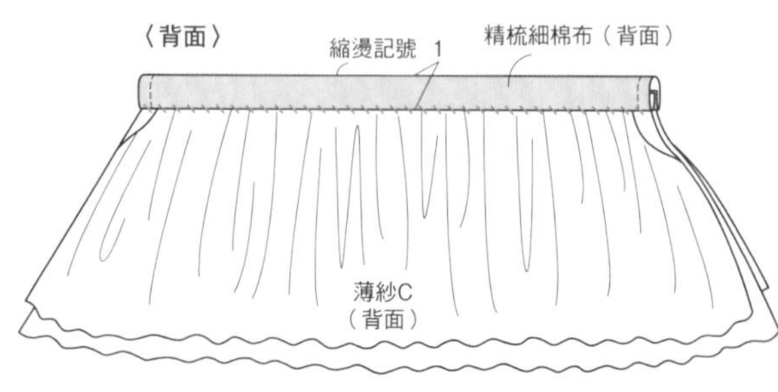

⑤紗裙背面朝外，從最外側的薄紗A開始，避開其他層薄紗，將左右兩邊正面相疊，縫起至開叉指點。其餘的另一枚薄紗A及薄紗B、C也各自正面相疊（相連成圈的2片薄紗C則4片一併疊起），以同樣方式縫起至開叉止點。

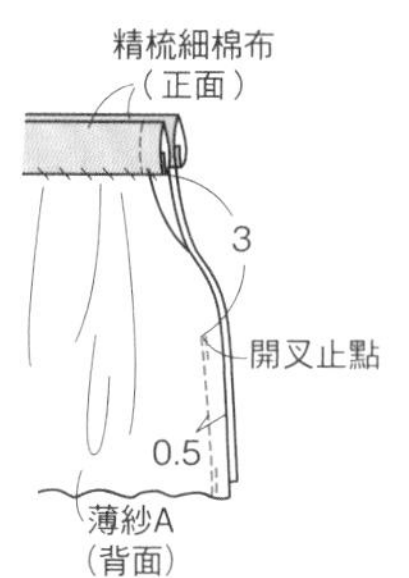

P.07

粉紅色燈籠襯褲

實物大小紙型
S・M・L：**P.85**

● 材料　＊布面尺寸為橫×縱。

精梳細棉布（粉紅色）…
S：18cm×6cm／M：22cm×7cm／L：24cm×8cm
寬度1.8cm的鑲邊蕾絲…
S：9cm×2條／M：11cm×2條／L：12cm×2條
寬度0.3cm的鬆緊帶…S・M・L共通：30cm

● 製作方式

1　在精梳細棉布背面放上紙型，裁出2片褲片。四周做好防散口處理。

2　以與**P. 48**「白色燈籠襯褲」相同的方式縫製。

P.11

女孩風泡泡袖洋裝

實物大小紙型
S・M・L：**P.86**
前身片／後身片／衣領／衣袖／袖口貼邊／裙片／荷葉邊

● 材料　＊布面尺寸為橫×縱。

精梳細棉布（印花花紋）…
S：32cm×17cm／M：45cm×20cm／L：45cm×22cm
精梳細棉布（紅色）…
S：7cm×6cm／M・L：8cm×7cm
直徑5mm的按釦…2組

● 製作方式

1　**裁剪布料**

①在精梳細棉布（印花花紋）的背面放上紙型，裁出1片前身片、後身片左右對稱2片、2片衣袖、2片袖口貼邊、1片裙片，以及1片荷葉邊，並在四周做好防散口處理。

②在精梳細棉布（紅色）的背面放上紙型，裁出2片衣領。四周亦做好防散口處理。

2　以與**P. 36**「經典愛麗絲洋裝」相同的方式縫製。

3　**完成**

從精梳細棉布的布邊穿上鬆緊帶，讓娃娃穿上後，確認合適的長度再裁剪。鬆緊帶的兩端重疊1cm，縫上2條縫線固定。

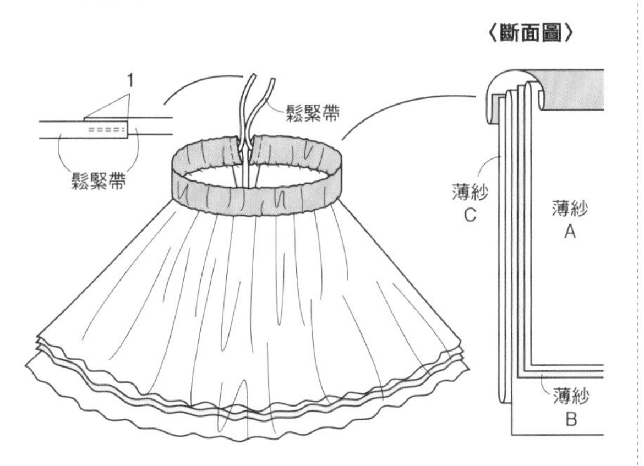

P.11

復古風可愛圍裙

實物大小紙型
S・M・L：**P. 87**
前身片／荷葉邊／肩帶／綁帶

● 材料　＊布面尺寸為橫×縱。

精梳細棉布（紅色方格紋）…
S：10㎝×6㎝／M・L：12㎝×10㎝
精梳細棉布（紅色細方格紋）…
S：15㎝×10㎝／M：18㎝×13㎝／L：20㎝×15㎝
精梳細棉布（紅色）…
S：30㎝×20㎝／M・L：40㎝×30㎝
布襯…
S：10㎝×5㎝／M・L：12㎝×6㎝
寬度0.4㎝的緞料緞帶（紅色）… 12㎝×2條

● 製作方式

1　裁剪布料

①在精梳細棉布（紅色方格紋）的布料背面放上紙型，裁出1片前身片。

②在精梳細棉布（紅色細方格紋）的布料背面放上紙型，裁出2片肩帶與1片荷葉邊。

③在精梳細棉布（紅色）的布料背面放上紙型，裁出2片綁帶。再裁出S：26㎝×1.6㎝、M：36㎝×1.6㎝、L：42㎝×1.6㎝的滾邊條1片。

④在各裁片的四周做好防散口處理。

2　在前身片縫上荷葉邊

①將荷葉邊正面的外側弧線車縫抓皺線。

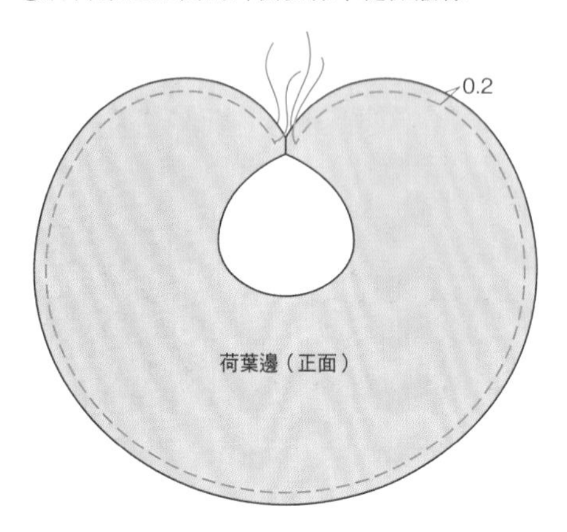

②收緊左右兩端的上線抽出細摺的同時，將縫份摺向布料背面。拉整弧度後，由正面車縫收邊。

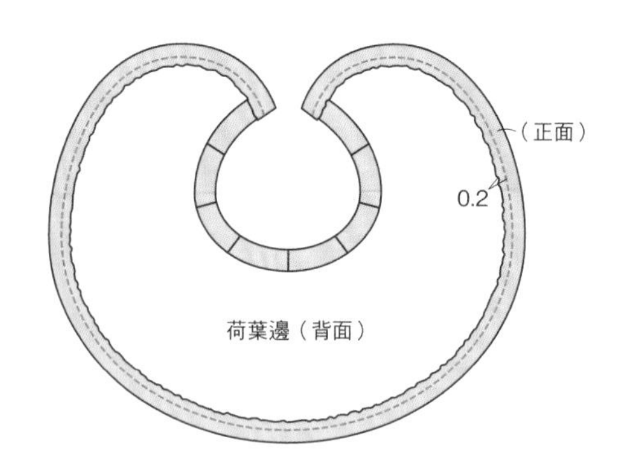

③滾邊條正面朝外對摺，如圖縫上前身片的衣擺。

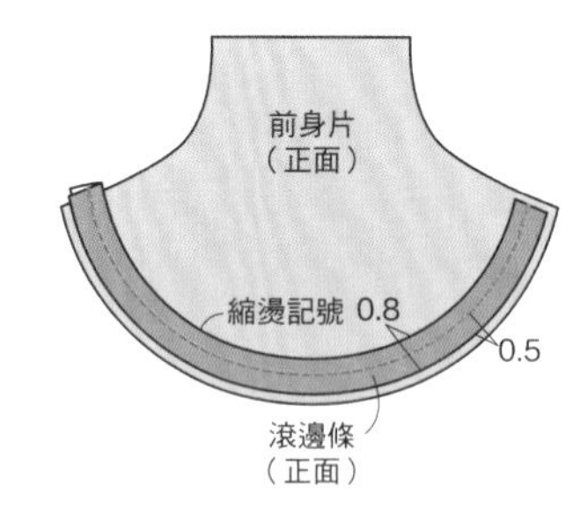

④將階段❸的成品與荷葉邊正面相疊，背面朝外，對齊合印記號後縫合。如圖在前身片的左右兩端預留出空間，將縫份摺向前身片背面。

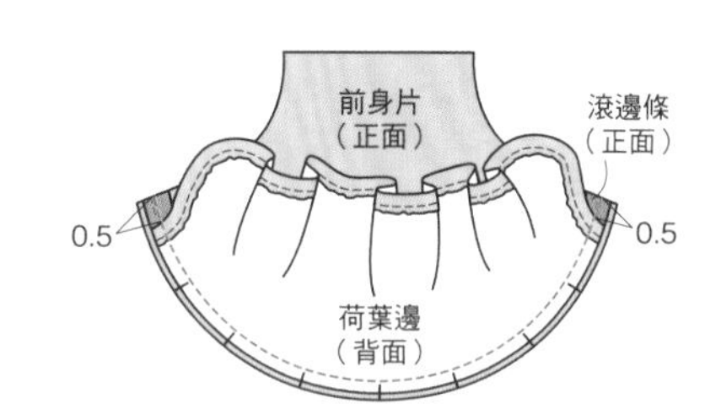

3　縫上腰口貼邊

①將階段2的成品正面與布襯的無膠面相互重疊後，從前身片正面沿完成線車縫。

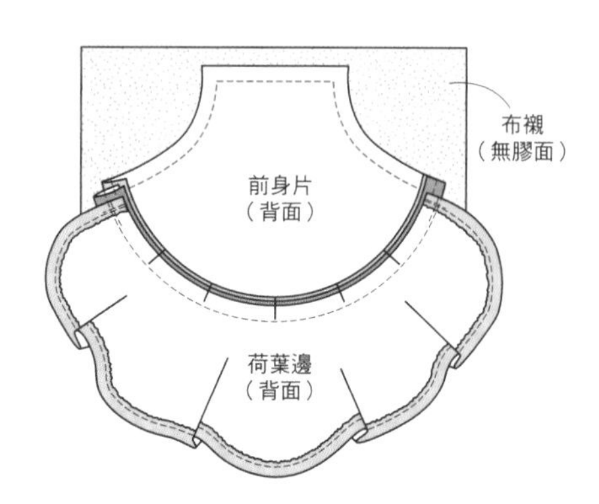

②如下圖所示，沿著前身片的邊緣將布襯剪下。

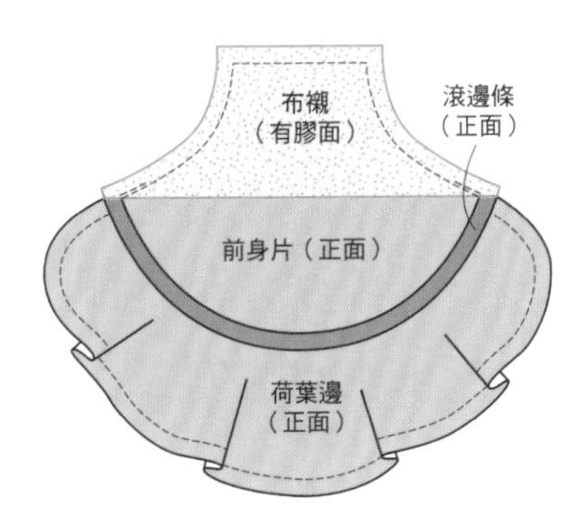

③將布襯翻向前身・片布料背面，以熨斗燙貼。此時為使正面看不見布襯，可由前身片邊緣向背面再摺進0.1cm左右。

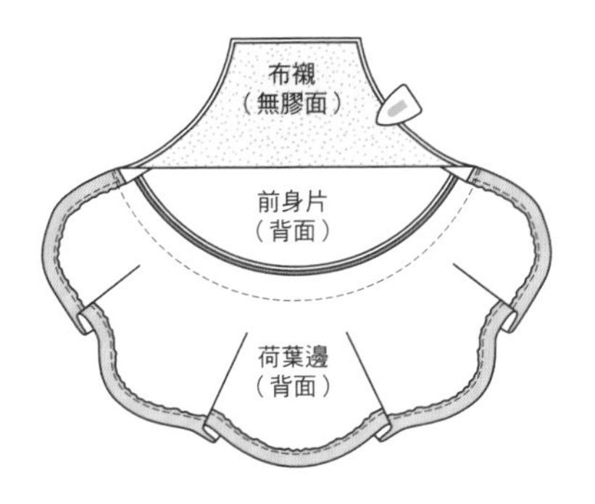

4 縫上肩帶與綁帶就完成了

①將肩帶的左右縫份摺進布料背面，對摺車縫。

肩帶（背面）
肩帶（正面）
0.1
縮邊記號
（正面）
（正面）

②將綁帶的縫份摺進布料背面，再對摺車縫。

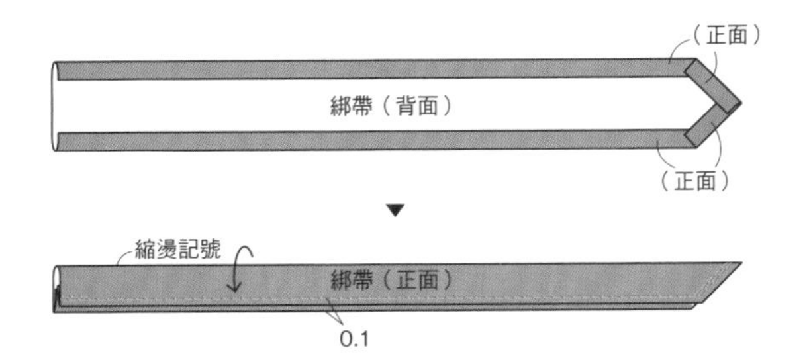

③如下圖所示，將2條肩帶與前身片背面相疊，沿前身片的邊緣車縫1圈。

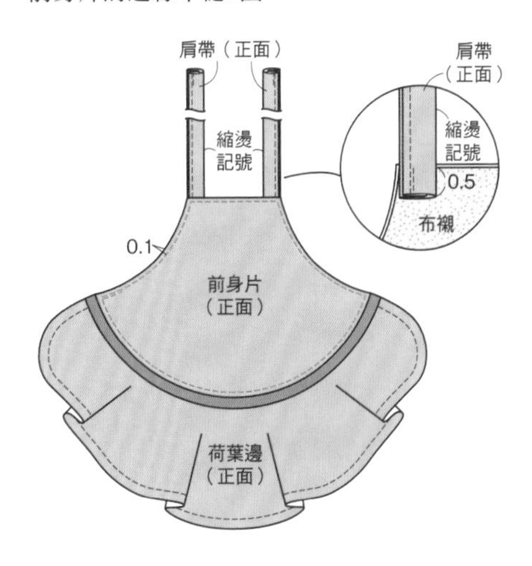

④在前身片與荷葉邊的接縫處，疊上綁帶與肩帶的一端，兩端各以手縫或車縫縫合。

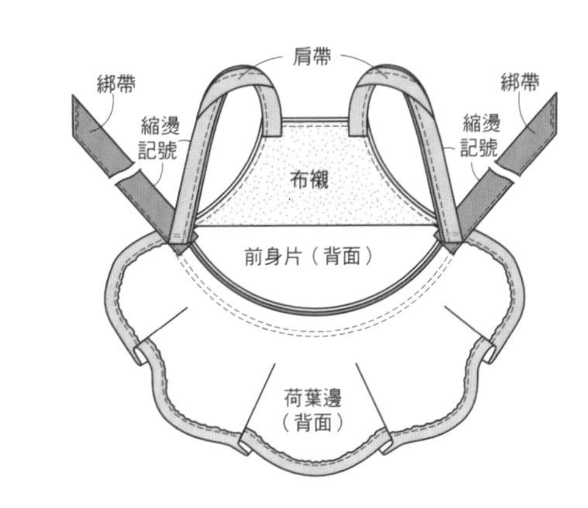

⑤將緞帶綁成蝴蝶結，並縫在喜歡的位置上。

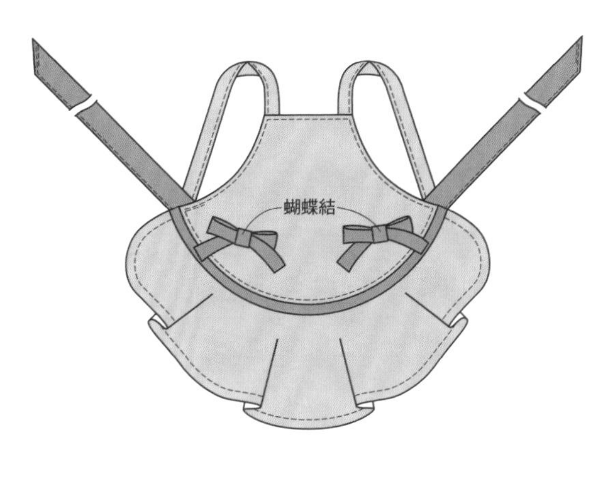

P.11
連指烹飪手套

實物大小紙型
S・M・L：**P.87**

● 材料　＊布面尺寸為橫×縱。

主體用　精梳細棉布（紅色細方格紋）…
S：6cm×5cm／M・L：8cm×6cm
邊緣用　精梳細棉布（紅色）…
S：6cm×3cm／M・L：8cm×3cm
布襯…7cm×5cm
寬度0.4cm的緞料緞帶（紅色）…12cm

● 製作方式

1　將手套主體布料與邊緣布料縫合

①將布襯貼在主體布料上。

②階段❶下端的0.5cm摺進布料背面。

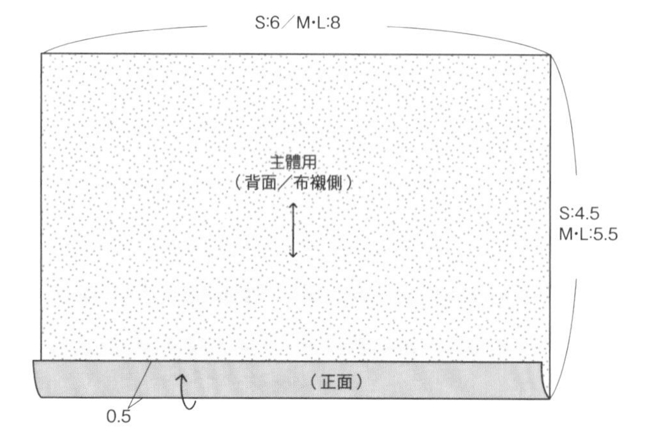

③將階段❷折起的主體布料正面朝上，將邊緣布料對摺，疊在階段❷的布料下方縫合。

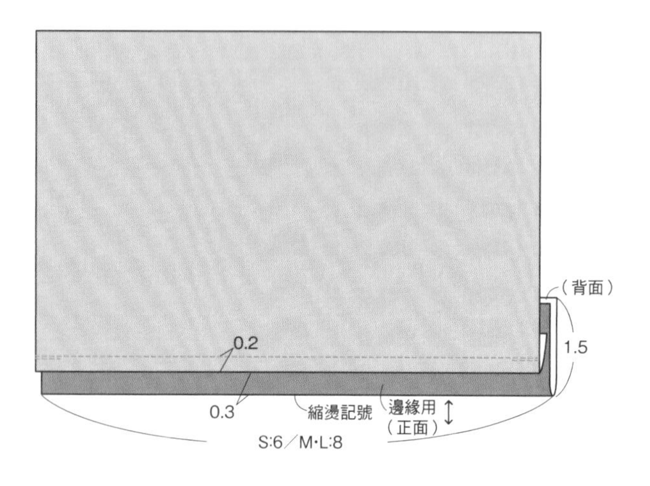

2　描出紙型後縫起

①階段1的成品正面相疊對摺，背面朝外放上紙型，描出完成線後沿線縫上。

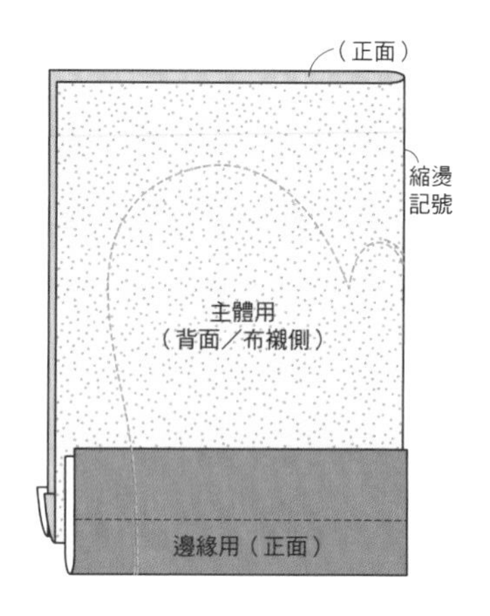

②階段❶外側預留0.5cm縫份剪下，在凹下部分剪出剪口。

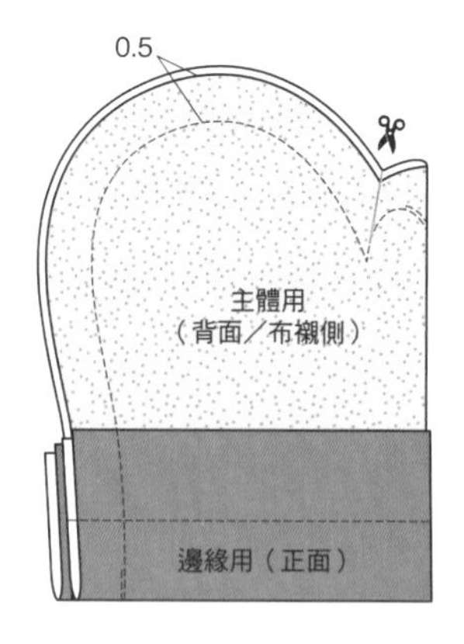

③翻摺回正面，拉整外形。將緞帶綁成蝴蝶結後，縫在喜歡的位置上。

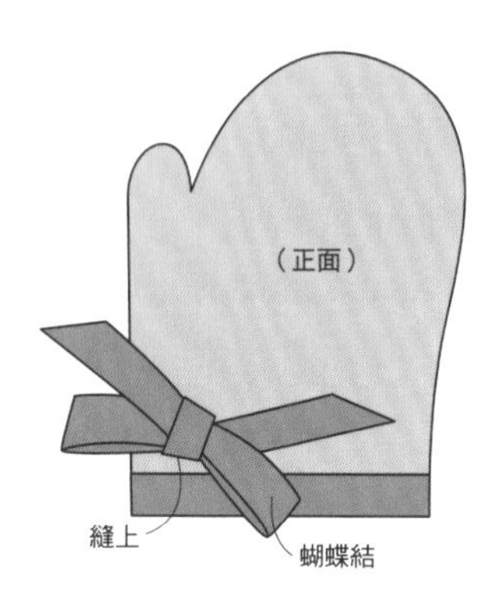

P.09

蕾絲立領罩衫

實物大小紙型
S・M・L：**P.86**
前身片／後身片／衣袖／袖口貼邊

● 材料　＊布面尺寸為橫×縱。

全棉巴里紗（白色）…
S：25cm×10cm／M・L：30cm×12cm
寬度1.4cm的荷葉邊蕾絲（白色）…
S：14cm／M・L：15cm
直徑5mm的按釦…2組

● 製作方式

1 在全棉巴里紗的背面放上紙型，裁出1片前身片、後身片左右對稱各1片、2片衣袖、2片袖口貼邊。四周都做好防散口處理。

2 **縫合前身片與後身片**

①以與P.36、37中「製作衣領」階段5、6的方式，縫合前身片與後身片肩部。

②前後身片的正面領口，與荷葉邊蕾絲以正面相疊，蕾絲背面朝上車縫。

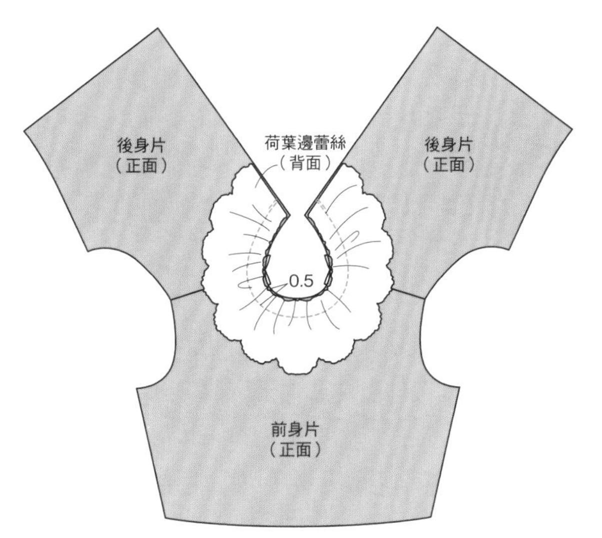

③以與P.36、37中「製作衣領」階段10、11的方式，在縫份上剪出剪口，再摺向身片背面。

④將後身片後方開口的縫份摺向布料背面，並車縫領口的邊線。

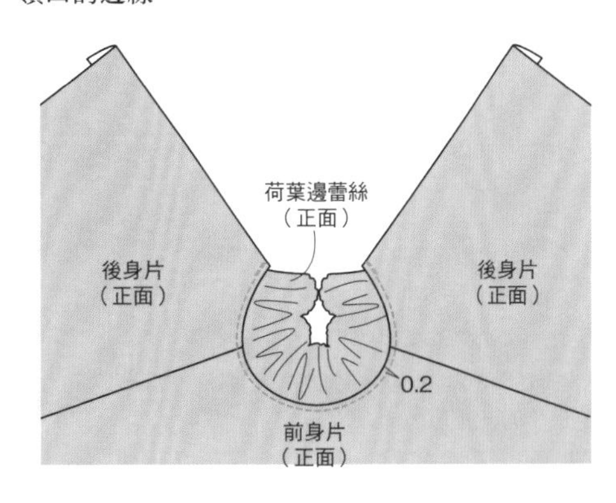

3 以與P.38「縫上衣袖」、P.39「縫合軀幹兩側」相同的方式，縫上衣袖並縫合軀幹兩側。

4 **縫起衣擺並完成**

①前後身片衣擺的縫份摺進布料背面，車縫邊線。
②以與P.41中「將裙縫上前後身片」階段7的方式，在後身片縫上按釦。

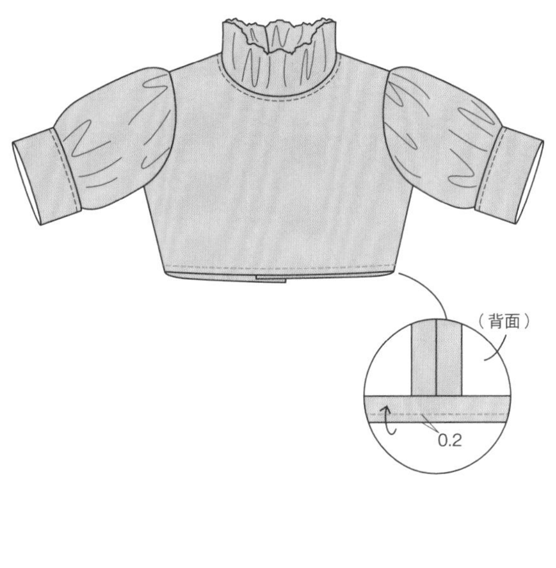

P.09

裝飾用竹馬

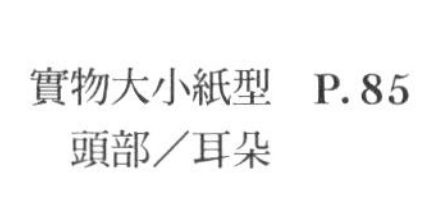

實物大小紙型 **P.85**
頭部／耳朵

● 材料 ＊布面尺寸為橫×縱。

丹寧布料（水藍色）：20cm×10cm
寬度3.5cm的梯狀蕾絲（白色）… 10cm
寬度1.5cm的鑲邊蕾絲（白色）… 10cm
寬度0.5cm的緞料緞帶 … 10cm
寬度1cm的軟鐵絲緞帶（白色）… 40cm
寬度0.3cm的皮繩（粉紅色）… A 7cm／B 4cm／C 28cm
花型蕾絲織片4片（白色）… 喜歡的尺寸4片
蝴蝶結裝飾物件（白色）… 喜歡的款式2個
花型裝飾物件（粉紅色）… 喜歡的款式1個
直徑0.6cm的鈕扣（米色）… 2個
直徑0.6cm的鈕扣（藍色）… 4個
直徑0.5cm的插入式眼睛（黑色）… 2個
25號刺繡線（褐色／水藍色）… 各適量
DTY加工絲（水藍色）… 適量
6號棒針（木製／附圓球）… 1根
壓克力顏料（白色）… 適量
人造纖維棉 … 適量
厚紙板 … 4cm正方形

● 製作方式

1 描出紙型後縫起

①丹寧布正面朝外對摺，放上紙型描出頭部與耳部。

②如圖，沿頭部完成線車縫。

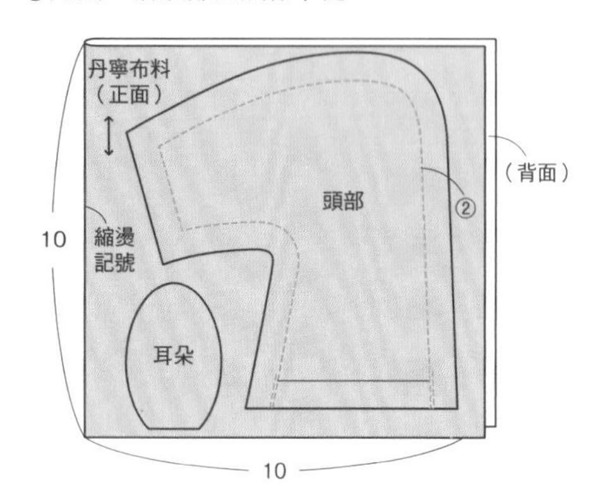

③裁出頭部與耳部。四周做好防散口處理。

④在階段❷的縫線上，取6條刺繡線（褐色）捻成帶厚度的1束線，以寬針距進行平針縫裝飾。

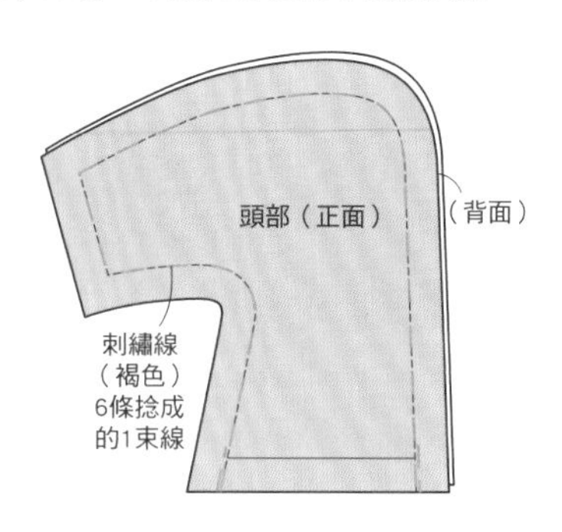

2 製作流蘇穗

①取刺繡線（水藍色）在厚紙板上繞10圈。

②由厚紙板取出，中央以DTY加工絲束緊。剪開上下方的線圈。

③將階段❷束緊的線束對半折下，距上方0.5cm的位置以DTY加工絲束緊，完成流蘇穗。以相同方式製作出12個流蘇穗。

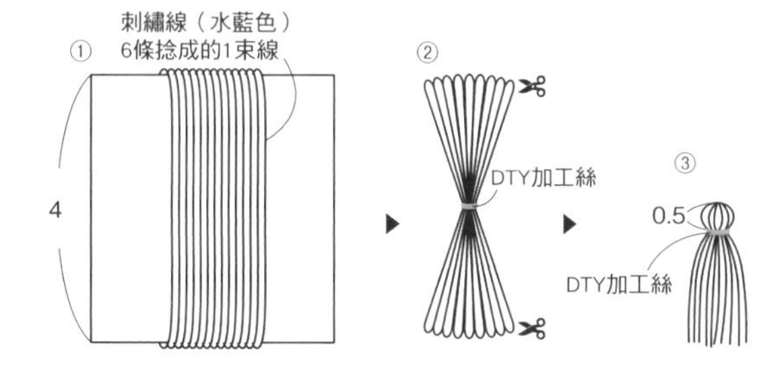

3 在耳部縫上裝飾即完成

①由下方開口處塞入人造纖維棉，插入塗上白色壓克力顏料的棒針，從開口在內側塗上手工藝接著劑。

②耳朵布片正面朝外對摺，對準位置後縫上鈕扣（米色）固定。另一耳也在另一面相對位置以相同方式縫上。

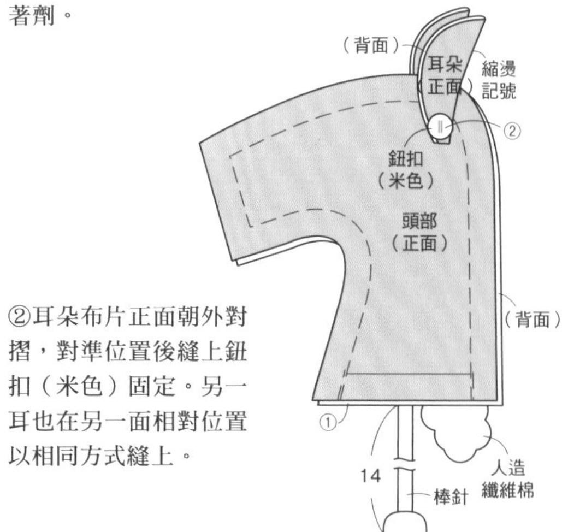

③用緞料緞帶穿過梯狀蕾絲（參考P.35「將緞帶穿過蕾絲的時候」）後，包覆竹馬頭部下方，以手工藝用接著劑貼上。兩端多餘部分摺進布料背面。

④在階段❸蕾絲的下半部，以手工藝用接著劑貼上鑲邊蕾絲。兩端多餘的部分一樣摺進布料背面。

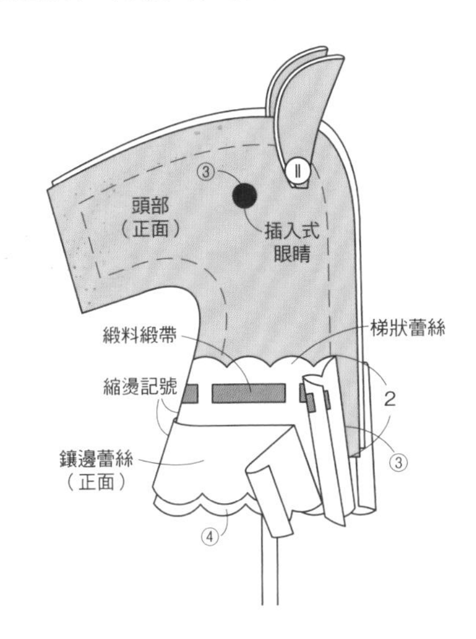

⑤在頭部上緣縫上2個流蘇穗，頸脖處縫上4個。另一面也在相同處縫上。

⑥將2片花型蕾絲織片與蝴蝶結裝飾物件，以手工藝用接著劑貼在喜歡的位置。另一側也在相同處貼上裝飾。

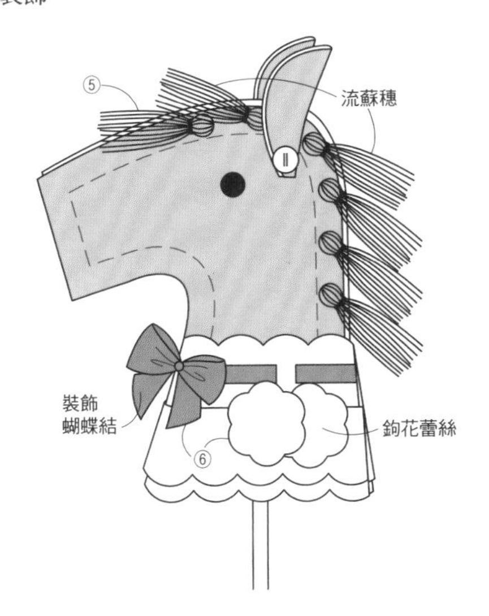

⑦將皮繩A如圖所示，在口鼻處捲繞1圈，兩端相互交疊，以手工藝用接著劑貼住。皮繩C的一端以接著劑貼在皮繩A上。皮繩B則繞過頭部上方，以接著劑貼在皮繩C上。皮繩C的另外一端，也相同地與皮繩A、皮繩B相互黏貼固定。

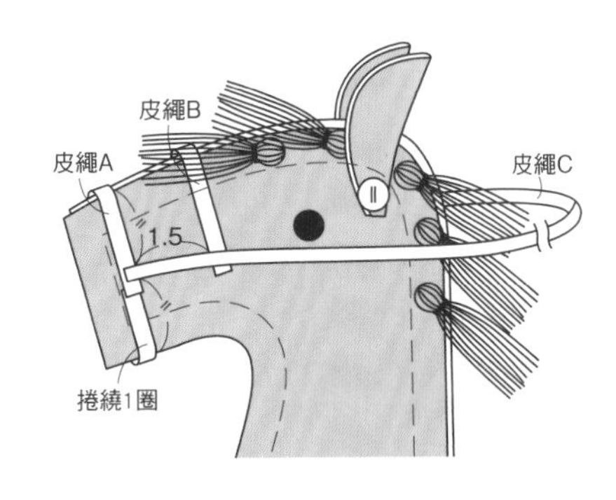

⑧在皮繩相互黏貼的部位縫上鈕扣（藍色）。

⑨軟鐵絲緞帶綁成蝴蝶結，蝴蝶結的中心再以手工藝用接著劑貼上花型裝飾物件。在竹馬頭部喜歡的位置以手工藝用接著劑將蝴蝶結貼上，並抓出軟鐵絲緞帶的捲度，拉整其外形。

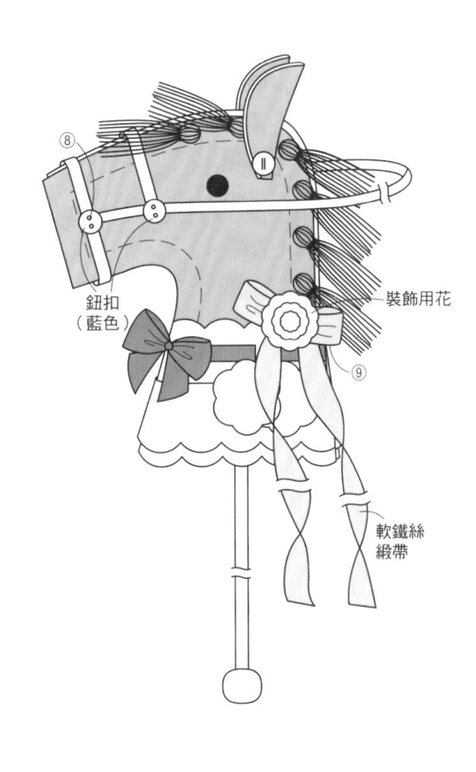

P.15

碎花剪裁連身裙

實物大小紙型
S・M・L：**P.89**
身片／前側片／後側片

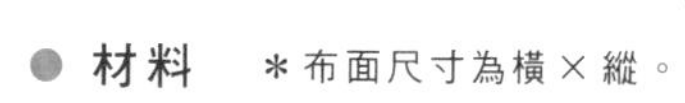

● 材料　＊布面尺寸為橫×縱。

精梳細棉布（碎花）…
S：20cm×20cm／M：30cm×30cm／L：35cm×35cm
布襯…S・M・L共通：10cm×10cm
直徑0.5cm的按釦…2組

● 製作方式

1　在精梳細棉布的背面放上紙型，裁出1片身片、2片前側片，以及2片後側片。四周做好防散口處理。

2　**縫接身片與前側片、後側片。**

①身片的前側與1片前側片以正面相疊，背面朝外沿完成線車縫。

②在階段❶弧線部分的縫份上剪出剪口。

③身片的前側與1片後側片以正面相疊，背面朝外沿完成線車縫。

④在階段❸弧線部分的縫份上剪出剪口。

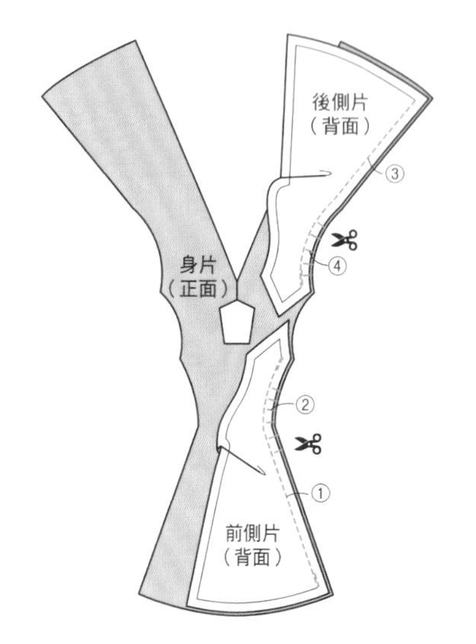

⑤與階段❶～❹相同方式，縫上另一片前側片與後側片。

⑥將縫份各自摺向身片背面。

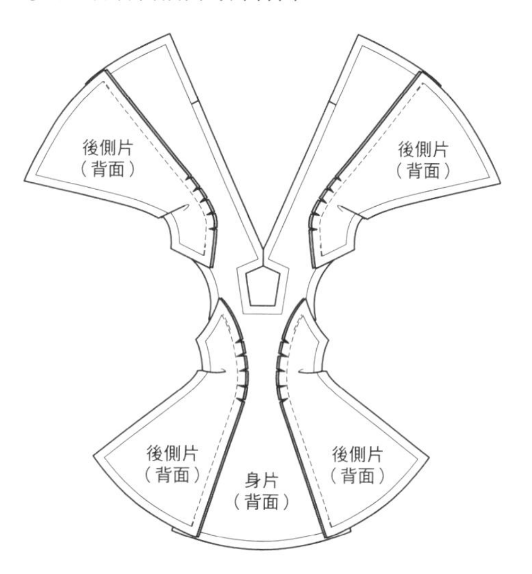

3　**縫上領口貼邊。**

①將身片的正面與布襯的無膠面相疊，背面朝外沿領口縫上。

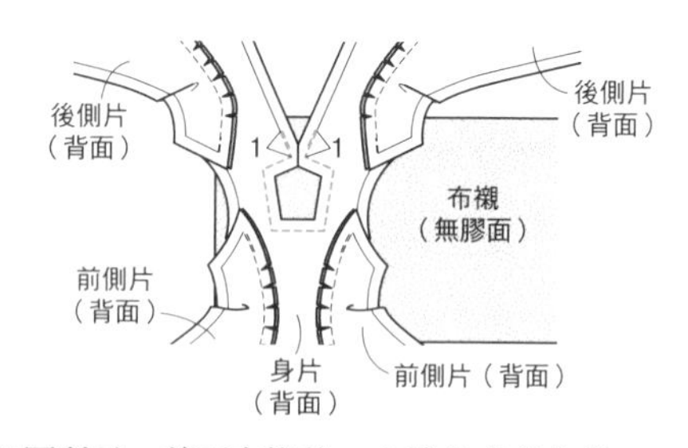

②如圖所示，剪下布襯後，在邊角處剪出剪口。

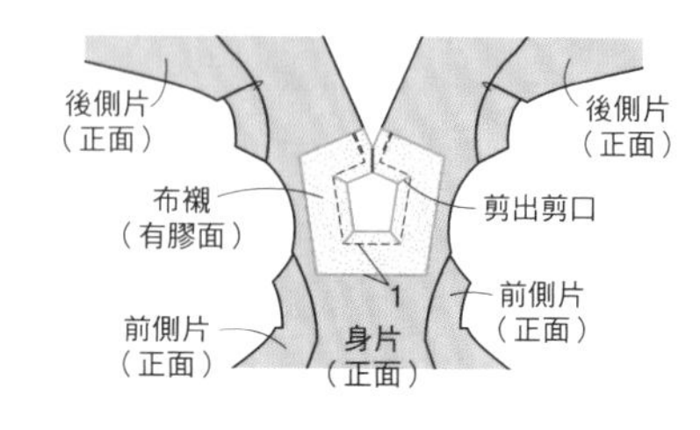

③將布襯摺進身片背面，以熨斗燙貼住。為使正面看不見布襯，由邊緣向布料背面再摺進0.1cm左右。

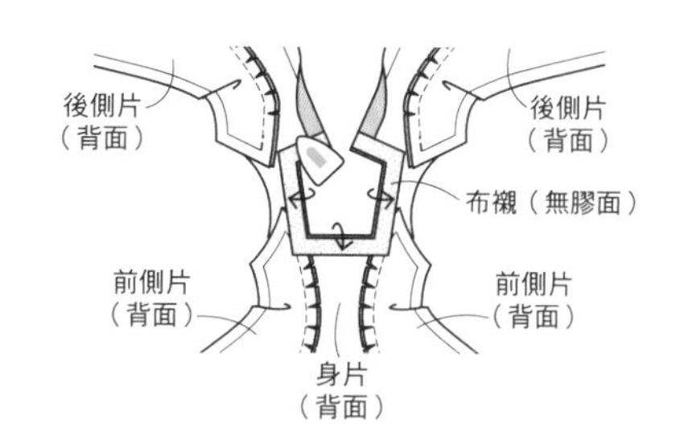

④將剩下的布襯對半剪開，以階段❶相同的方式縫上領口。

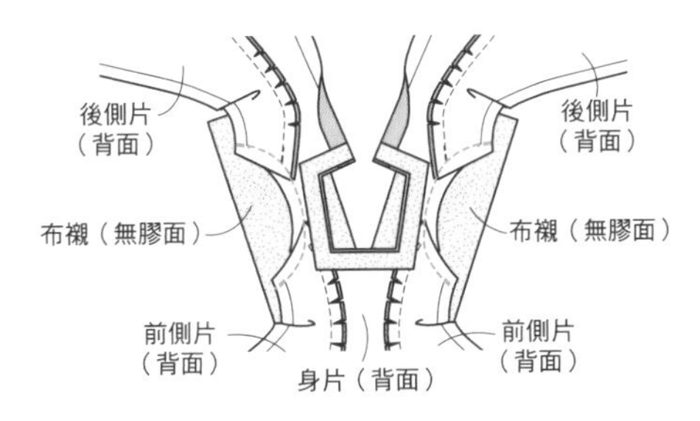

⑤如圖所示，剪下布襯並剪出剪口。

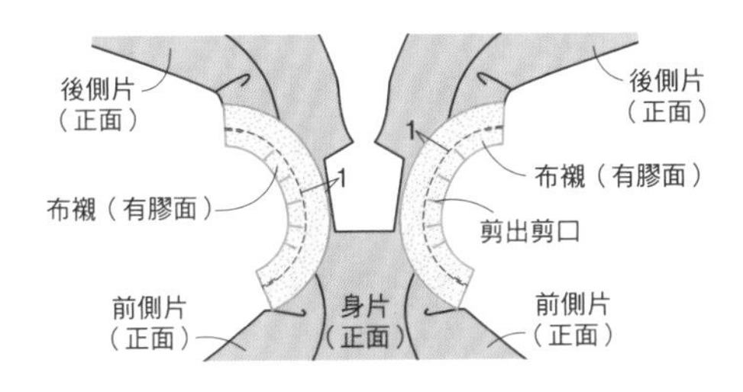

⑥將布襯摺進身片背面，以階段❸相同的方式燙貼。

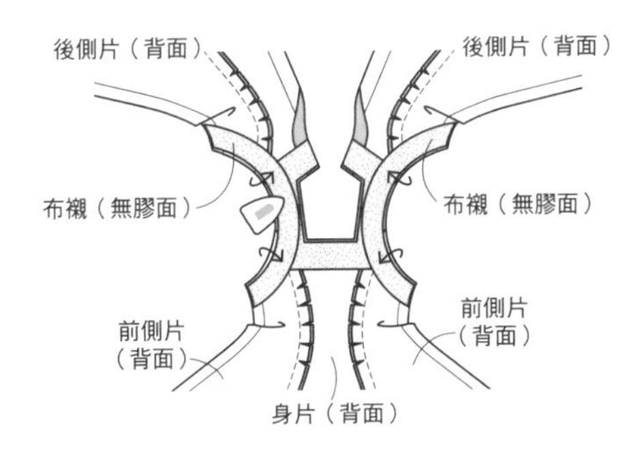

4 完成

①後片側的身片正面相疊，背面朝外車縫至開叉止點。將縫份向左右兩側分開壓平。

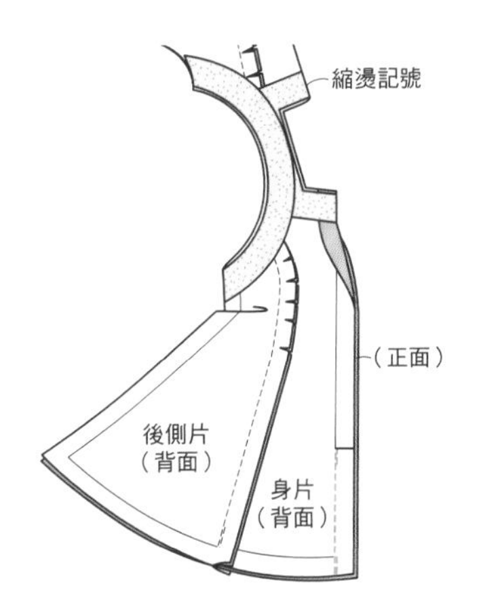

②車縫領口與身片的邊線至開叉止點。也把袖口的邊線車縫起來。

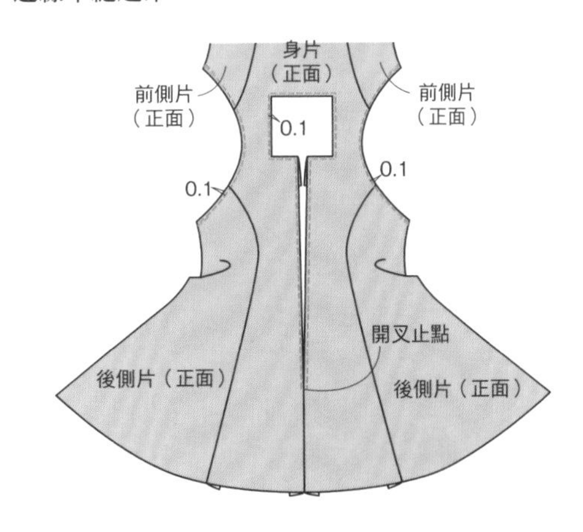

③前側片與後側片以正面相疊，車縫軀幹兩側。

④在階段❸弧線部分的縫份上剪出剪口。將縫份向左右兩側分開壓平。

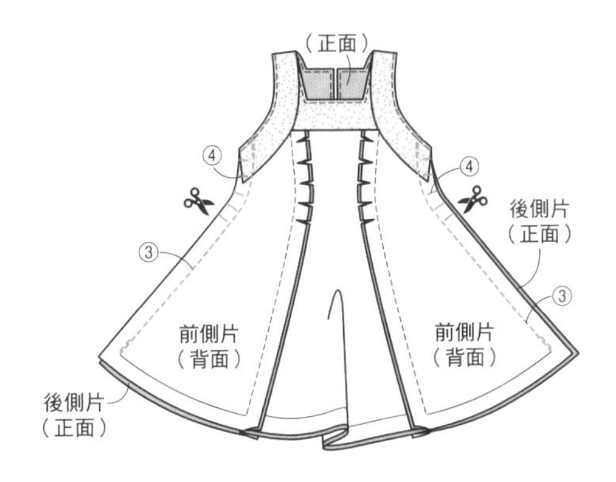

⑤將裙擺的縫份摺進布料背面後，沿邊線車縫1圈。

⑥在後方開口的部分，如圖縫上按釦。按釦位置，讓娃娃穿上作品確認後再決定即可。

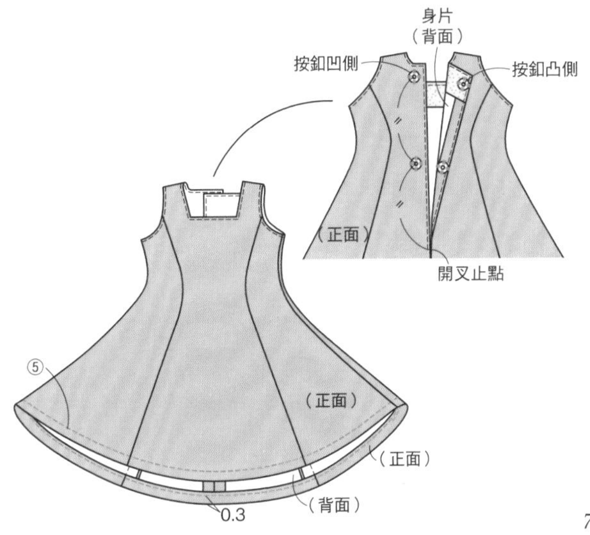

P.17
細緻蕾絲禮服

實物大小紙型
S・M・L：**P.85**
前身片／後身片／側片／裡布

● 材料　＊布面尺寸為橫×縱。

緹花布（黑色）…
S：18cm×5cm／M：20cm×7cm／L：22cm×8cm
精梳細棉布（黑色）…
S：12cm×5cm／M・L：14cm×7cm
底層蕾絲（黑色）…S：16cm×7cm×2片／
M：21cm×9.5cm×2片／L：24cm×11.5cm×2片
蕾絲
A　寬度0.7cm的蕾絲織片（黑色）…
S：12cm／M・L：16cm
B　寬度1.5cm的荷葉邊蕾絲（白色）…
S：4cm／M・L：6cm
C　寬度1.3cm的荷葉邊蕾絲（黑色）…
S：5cm／M・L：6cm
D　鑲邊蕾絲（金蔥感／黑）…
S：2cm×20cm／M・L：3cm×24cm
E　鑲邊蕾絲（黑）…
S：4cm×20cm／M・L：6cm×24cm
寬度1.7cm的緞帶蕾絲…7cm×4個
寬度0.2cm的緞料緞帶…15cm×4個
直徑1.6mm的花型裝飾物件…4個
立體蕾絲織片（參考**P.35**／剪裁後一圈份／黑）…
S：32cm／M：42cm／L：48cm
直徑0.5cm的按釦…2組

● 製作方式

1　在緹花布背面放上紙型，裁出1片前身片、2片後身片，以及2片後身片。在精梳細棉布的背面放上紙型，裁出裡布1片。四周做好防散口處理。

2　**縫製身片**

①以P.45「製作馬甲」階段1～4的方式縫製。

②在左右後身片上疊上蕾絲C縫起。

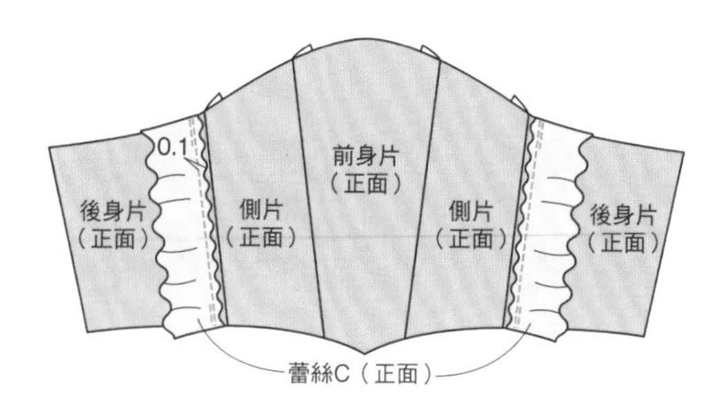

③以P.45、46「製作馬甲」階段6～8的方式將馬甲縫合。

④沿上方的弧線放上蕾絲A，由★縫至☆。上方弧線的部分，沿蕾絲A的中央縫上。

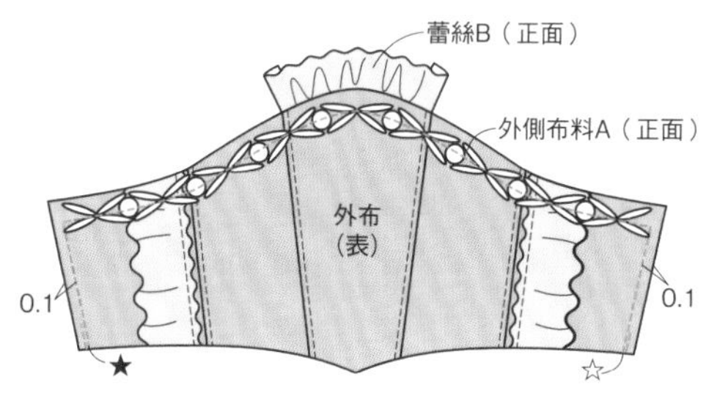

3　**製作芭蕾舞裙**

①以P.46「縫上芭蕾舞裙」階段1的方式，將底層蕾絲上方車縫抓皺線。

②左右兩端各自向布料背面摺進1cm。以P.46、47「縫上芭蕾舞裙」階段3、4的方式，將紗裙由中央向兩側與身片相疊後，一次一片縫合。

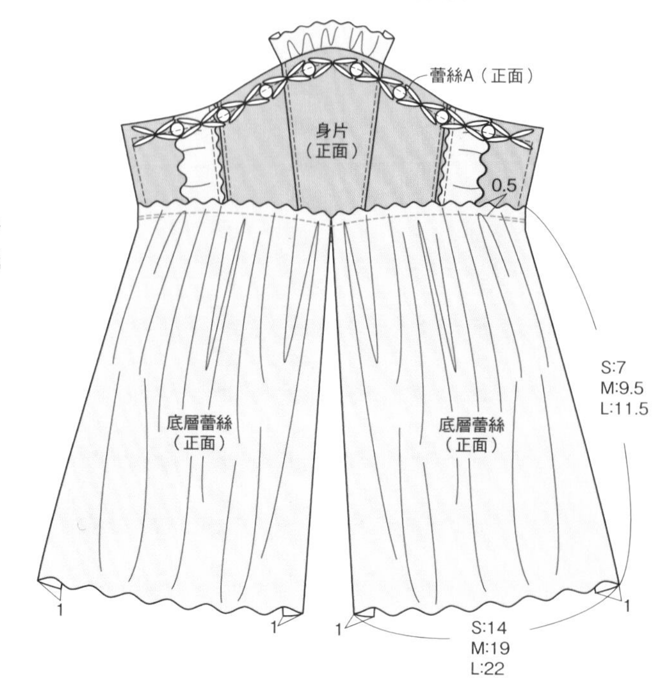

③將蕾絲D疊在蕾絲E上方，沿上方邊線車縫抓皺線。

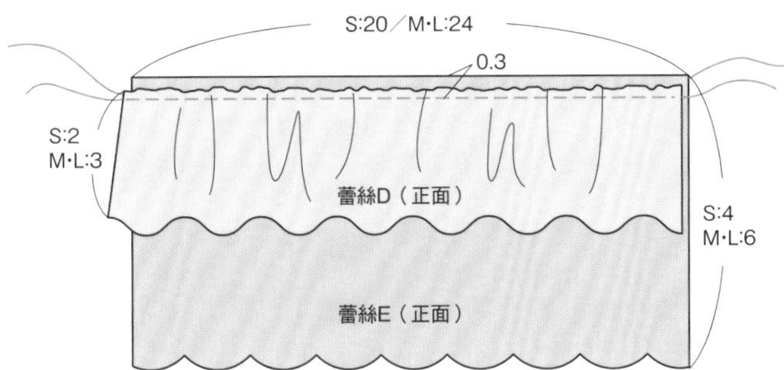

④以階段❷的方式，將兩層蕾絲各自縫上底層蕾絲。

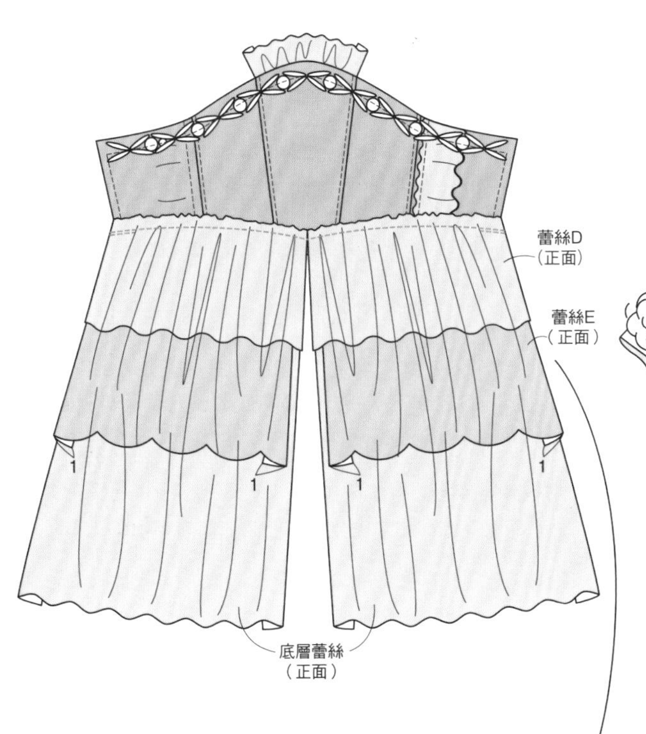

⑤底層蕾絲的左右兩端正面相疊，自下方縫至開叉止點。

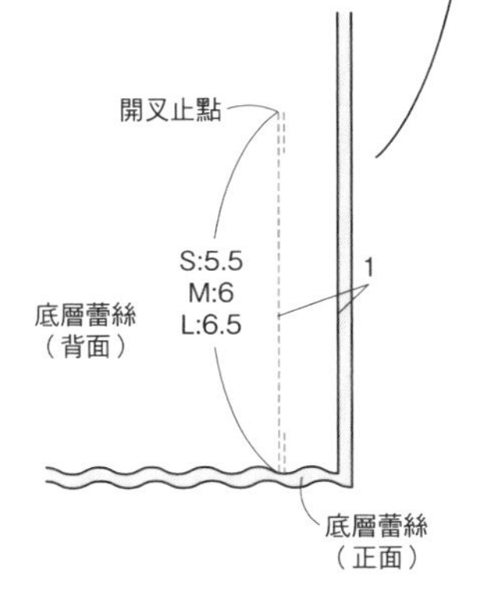

4 縫上裝飾即完成

①摺起緞帶蕾絲，中央部分以絲線捲繞綁起。放上綁成蝴蝶結的緞料緞帶及花型裝飾物件後，縫於喜歡的位置。

②在底層蕾絲裙擺邊緣1cm處縫上立體蕾絲織片。

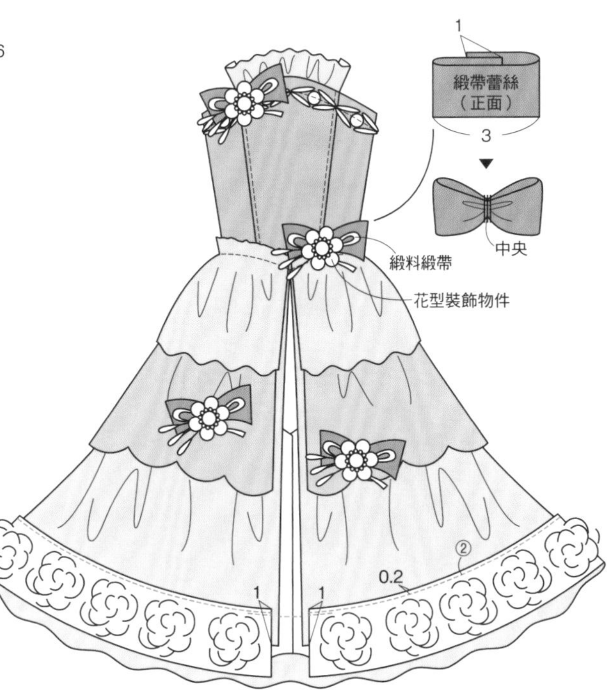

③以P.46、47「縫上芭蕾舞裙」階段10的方式縫上按釦。

P.17

黑色蕾絲紗裙

● 材料　＊布面尺寸為橫×縱。

緹花布（黑）…
S：45cm×10cm／M：55cm×14cm／L：65cm×17cm
薄紗（黑底黑圓點）…
S：85cm×10cm×2片／M：95cm×14cm×2片／
L：105cm×17cm×2片
精梳細棉布（黑色）…S・M・L共通：15cm×5cm
寬度0.3cm的鬆緊帶…S・M・L共通：15cm

● 製作方式

1　緹花布與薄紗車縫抓皺線。

①緹花布的四周做好防散口處理，上端車縫抓皺線。

②緹花布下方向布料背面摺進0.5cm後縫上。

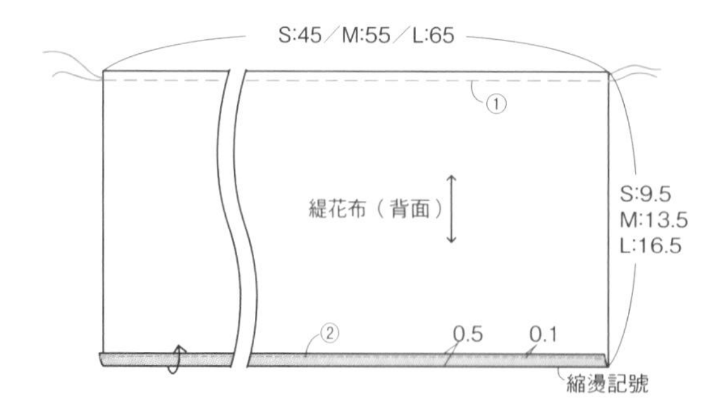

2　縫上腰帶

①精梳細棉布的左右兩端各向布料背面摺進0.5cm後縫上。

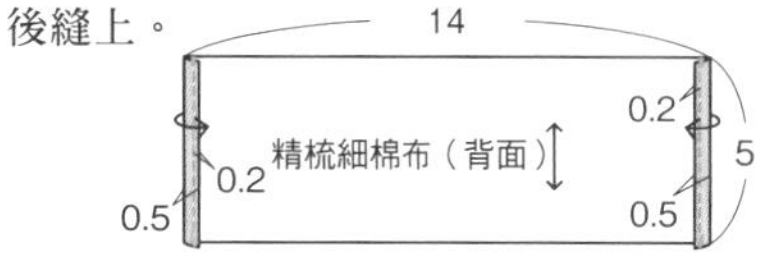

②在中央留下摺痕，上下兩端各向布料背面摺進0.5cm後縫上。

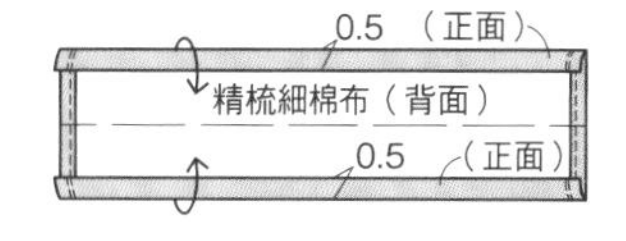

③以P.43、44「縫上圍裙主體」階段5的方式，打開階段②的對摺，將薄紗與緹花布以正面相疊。配合精梳細棉布的寬度抽碎褶，在距離邊線0.5cm的位置上縫起。

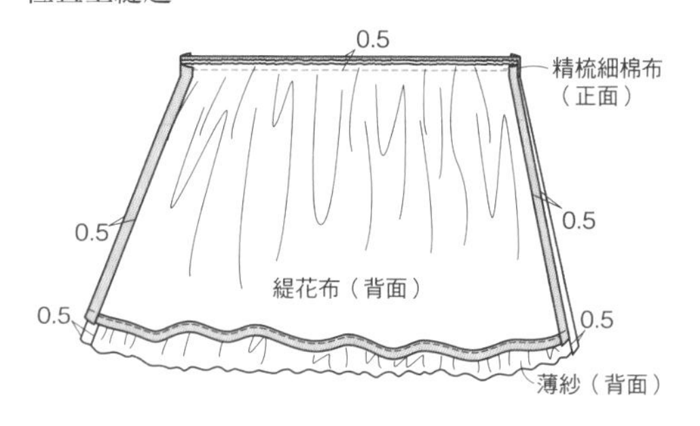

④精梳細棉布像要包起薄紗與緹花布的邊緣般，沿中央摺痕對摺後疊上，邊緣以斜針縫法縫上。

⑤如圖，在精梳細棉布縫上一條縫線。

⑥將薄紗以正面相疊，如圖縫至開叉止點。緹花布也同樣縫至開叉止點。

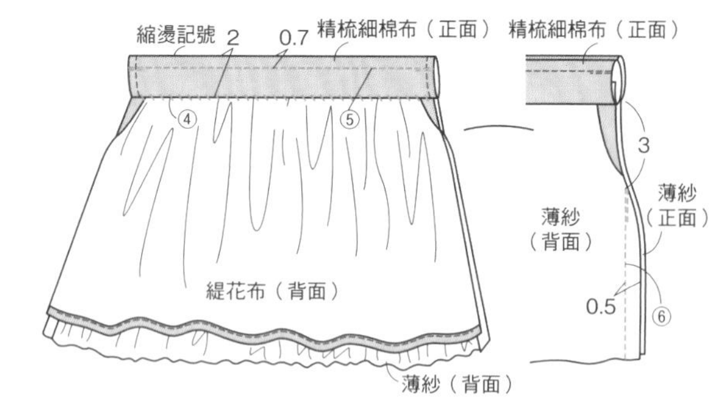

3　完成

將鬆緊帶從精梳細棉布的布邊口穿過，讓娃娃穿上後裁出適當的長度。鬆緊帶兩端相疊1cm，再縫上兩條縫線固定。

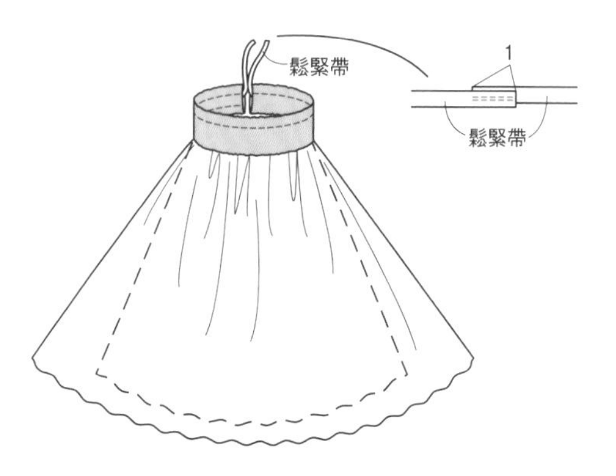

P.19
甜美蕾絲睡衣

實物大小紙型
S·M·L：**P.90、91**
前過肩／前身片／後身片／衣袖／袖口貼邊／衣領／荷葉邊／褲片

● 材料　＊布面尺寸為橫×縱。

棉質巴里紗（白色）…
　S：40cm×20cm／M：50cm×22cm／L：55cm×25cm
寬度1.2cm的鑲邊蕾絲（白色）
　胸前用…S：7cm／M・L：8cm
　衣擺用…S：24cm／M：28cm／L：32cm
　褲片用…S：20cm／M：22cm／L：23cm
寬度1.4cm的荷葉邊蕾絲（白色）
　衣擺用…S：24cm／M：28cm／L：34cm
　褲片用…S：20cm／M：22cm／L：23cm
寬度1cm的梯狀蕾絲（白色）
　衣擺用…S：24cm／M：28cm／L：34cm
　褲片用…S：20cm／M：22cm／L：23cm
寬度0.4cm的緞料緞帶（米色）
　衣擺用…S：24cm／M：28cm／L：34cm
　褲片用…S：20cm／M：22cm／L：23cm
直徑0.5cm的按釦…2組
寬度0.3cm的鬆緊帶…S・M・L共通：15cm

● 製作方式

1　在棉質巴里紗的布料背面放上紙型，裁出1片前過肩、1片前身片、後身片左右對稱各1片、2片衣袖、2片袖口貼邊、1片衣領、1片荷葉邊，以及2片褲片。四周做好防散口處理。

〈上衣〉

2　**縫製前身片**

①前過肩與胸前用鑲邊蕾絲正面相疊，背面朝外暫時固定。

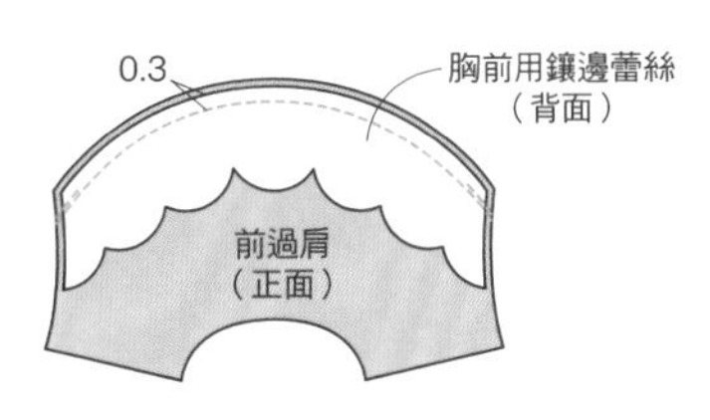

②前身片帶弧度側車縫上抓皺線。

③階段❶與階段❷正面相疊，配合前過肩寬度，收緊階段❷左右兩端的上線，再沿完成線縫起。

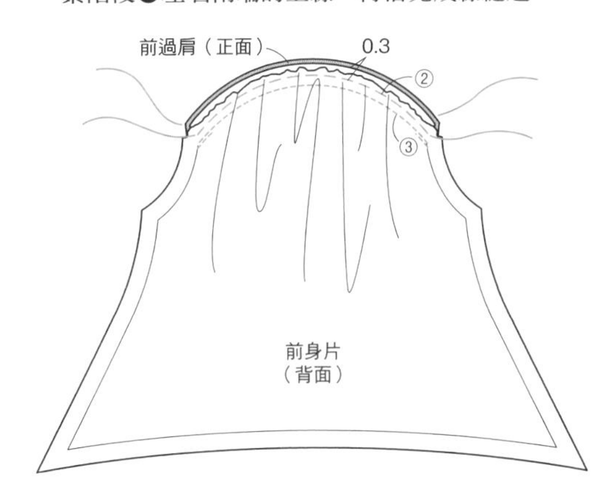

④將縫份摺向前過肩側，如圖所示，由布料正面車縫固定。前身片縫製完成。

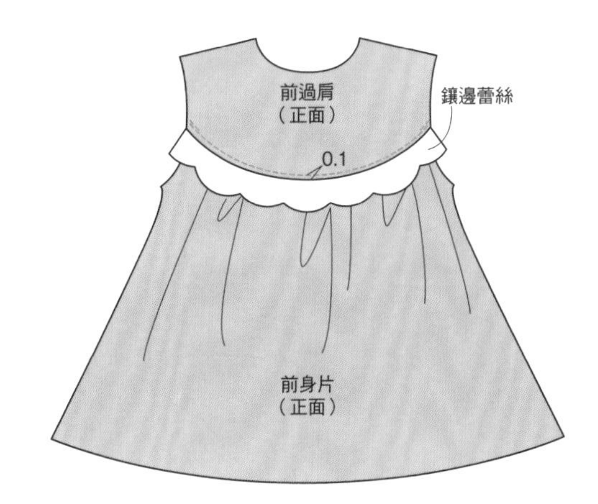

2　以P.36、37階段5、6的方式縫接前後身片肩部，並將縫份摺向後身片側。

3 縫上衣袖

①於衣袖袖口縫份車縫抓皺線。

②以P.38「縫上衣袖」階段2～6的方式，各自將袖口貼邊縫上衣袖。

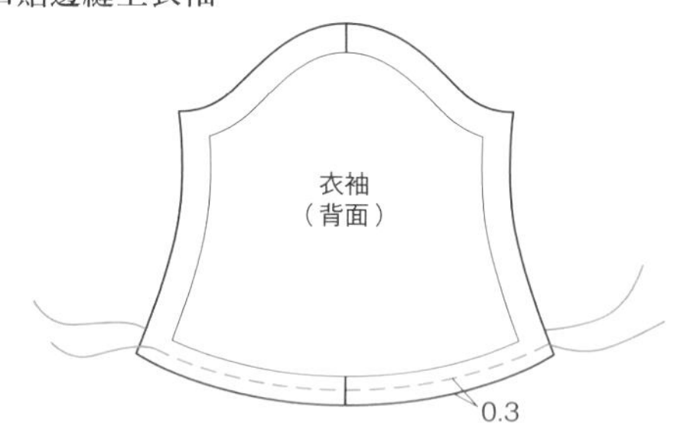

③衣袖疊上前後身片的袖籠，背面朝上縫起。縫份摺向身片側。

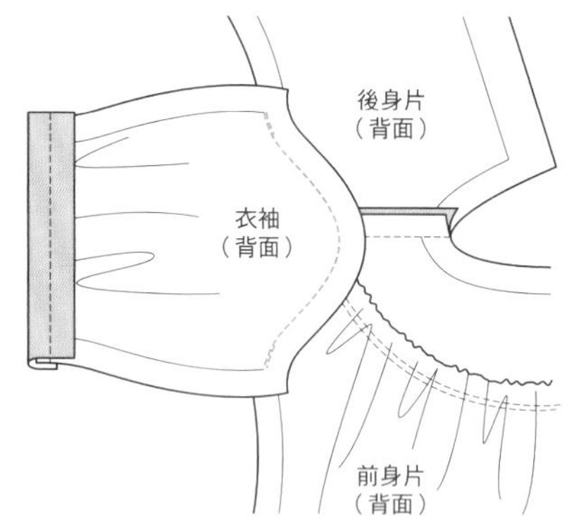

④以P.39「縫合軀幹兩側」階段1～3的方式，車縫經衣袖下方與軀幹兩側後，將縫份摺向後身片。

4 縫上衣領

①衣領疊上前後身片的領圍，背面朝上縫起。衣領另一側的縫份摺進布料的背面。

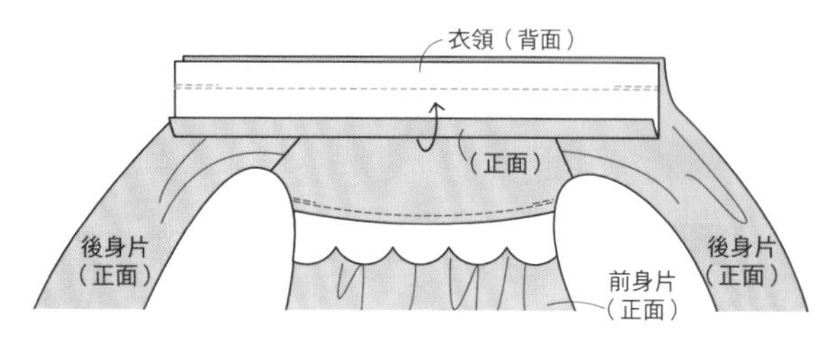

②衣領摺進前後身片的布料背面，以斜針縫法縫起。

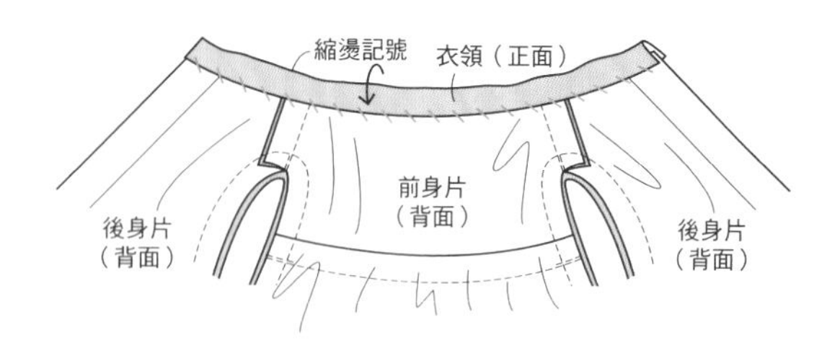

5 在衣擺縫上蕾絲與荷葉邊

①以P.40「縫上荷葉邊」階段1～3的方式將荷葉邊縫上。

②在前後身片的衣擺正面縫上衣擺用鑲邊蕾絲與衣擺用荷葉邊蕾絲。

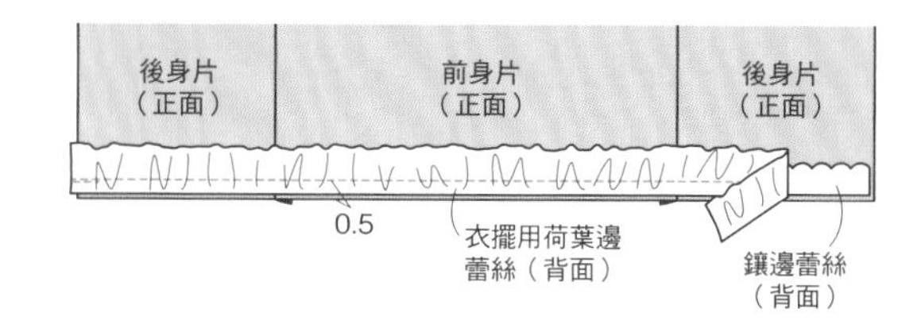

③荷葉邊與階段❷以正面相疊，配合前後身片的寬度收緊左右兩端的上線，再沿完成線縫上。

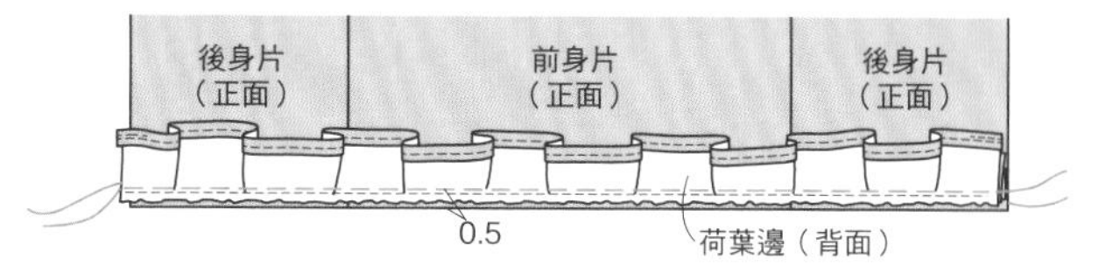

④翻開階段❸，將縫份摺向前後身片側後，沿邊線縫上。

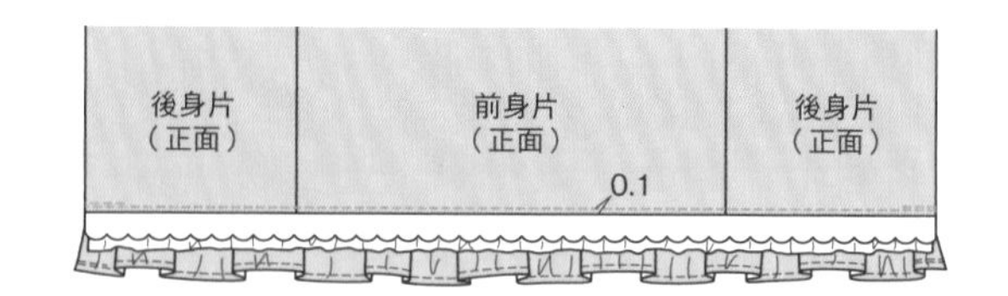

⑤衣擺用緞料緞帶穿過衣擺用梯狀蕾絲(參考P.35「將緞帶穿過蕾絲的時候」)。再將梯狀蕾絲的下端對齊後身片的衣擺後縫上。

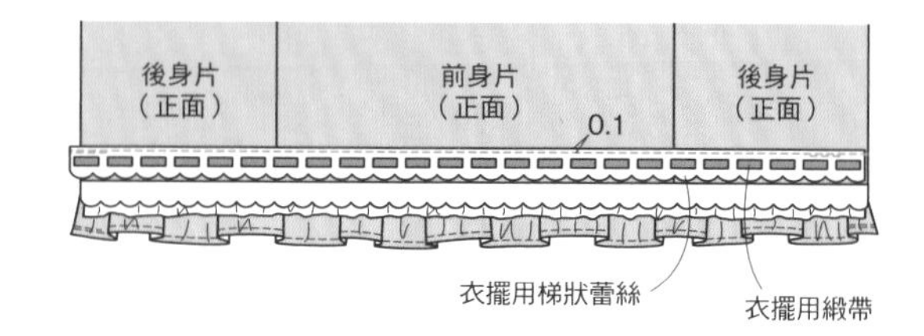

6 完成

①後身片的縫份向布料背面摺出三等分後沿邊線車縫。衣領、蕾絲與荷葉邊太厚無法縫起時，在這些部分施以斜針縫法縫合。

②在後身片上縫上按釦。按釦的位置，讓娃娃穿上確認後再決定。完成上衣的縫製。

〈褲子〉

7 在褲片縫上蕾絲

①在褲片褲擺的正面縫上褲片用鑲邊蕾絲與褲片用荷葉邊蕾絲。

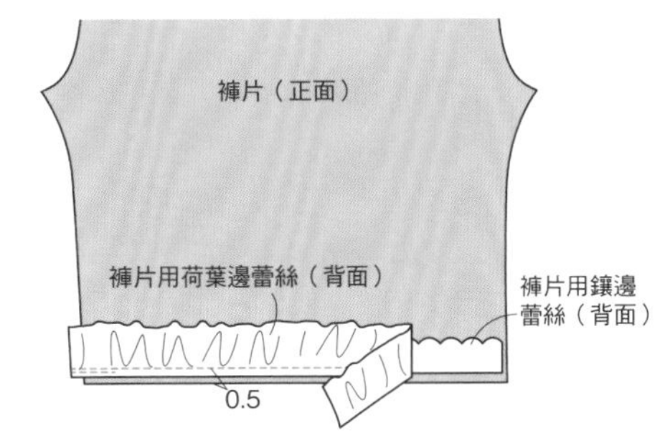

②翻開階段①，將縫份摺向褲片背面後縫上。

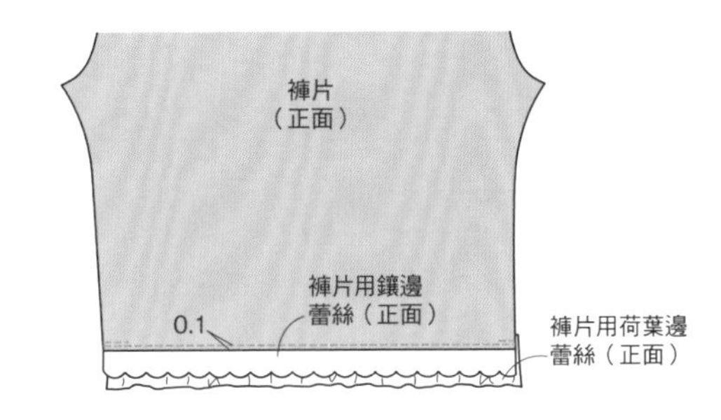

③將褲片用緞帶穿過褲片用梯狀蕾絲。距褲擺0.5cm的位置對齊放上後，縫上邊線。

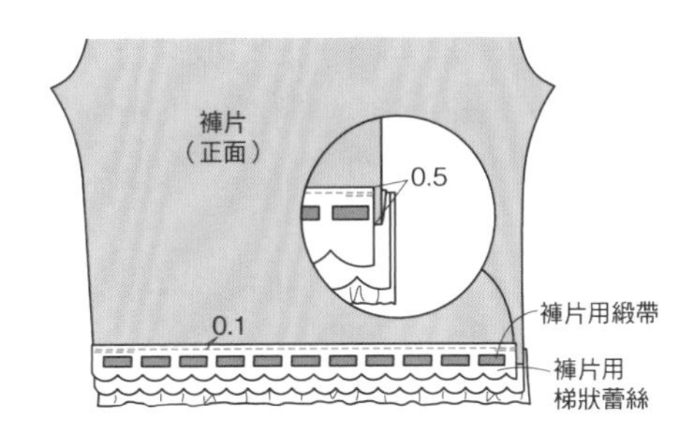

8 以P.49「白色燈籠襯褲」階段6～11的方式縫製。完成褲子的縫製。

P.19

睡帽

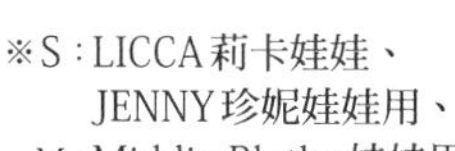
※S：LICCA莉卡娃娃、
JENNY珍妮娃娃用、
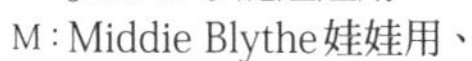
M：Middie Blythe娃娃用、
L：Neo Blythe娃娃用。

● 材料　＊布面尺寸為橫×縱。

棉質巴里紗（白色）…
S：直徑12cm的圓／M：直徑20cm的圓／
L：直徑24cm的圓
寬度1.4cm的荷葉邊蕾絲（白色）…
S：48cm／M：72cm／L：88cm
寬度0.3cm的鬆緊帶…S：11cm／M：20cm／L：26cm
蕾絲織片（喜歡的樣式）… 1片
寬度0.4cm的緞料緞帶（米色）… 10cm

● 製作方式

1　棉質巴里紗的四周做好防散口處理。

2　**縫上荷葉邊蕾絲**

①於睡帽正面邊線車縫整圈抓皺線。

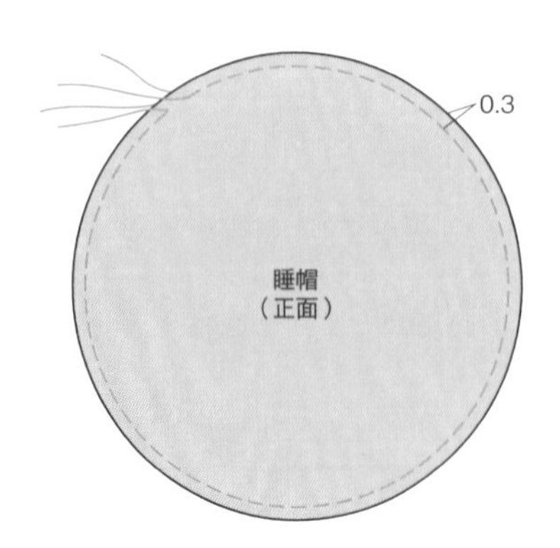

②一面收緊左右兩端的上線，一面將縫份向布料背面摺進1.5cm。預留1.5cm的鬆緊帶開口後，沿著距離邊線1cm處車縫一圈。

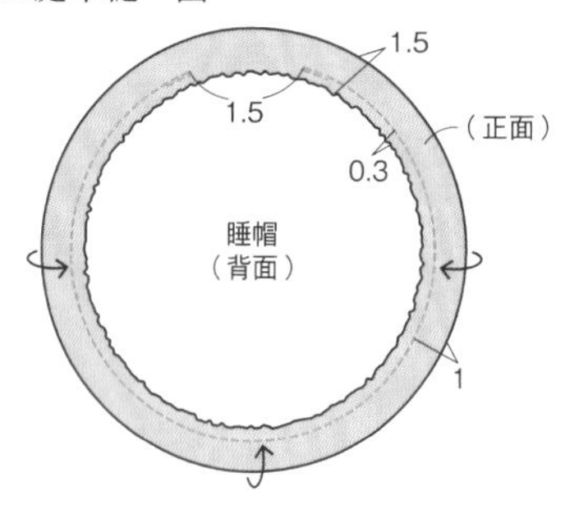

③在睡帽正面的邊線放縫上荷葉邊蕾絲。荷葉邊蕾絲的開端和最末端須重疊1cm。

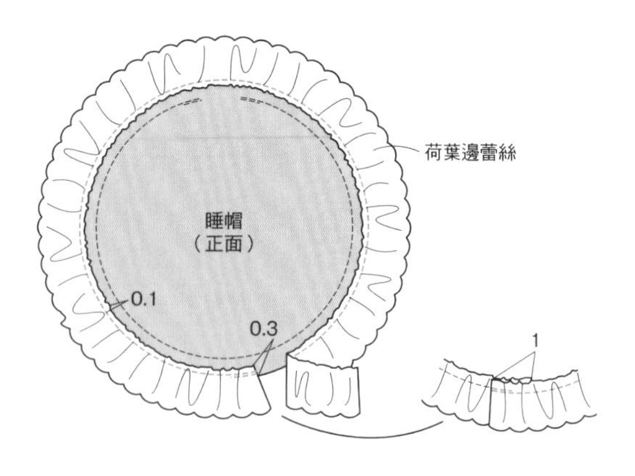

3　**完成**

①由鬆緊帶開口穿上鬆緊帶，鬆緊帶的兩端互相重疊後縫上兩條縫線固定。

②緞帶綁成蝴蝶結。將蕾絲織片與緞帶縫在喜歡的位置上。

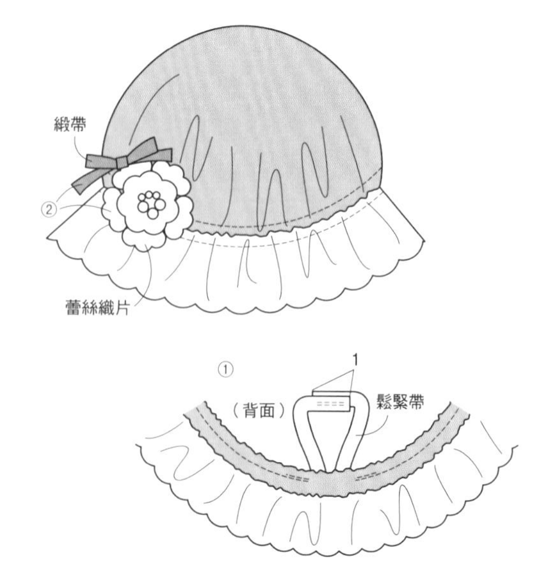

P.21
紙袋

● **材料**　＊布面尺寸為橫×縱。

紙張（喜歡的花紋樣式）⋯ 13cm×6.5cm
寬度0.5cm的緞帶（喜歡的顏色）⋯ 20cm×2條

● **製作方式**

1　如圖所示，在紙上摺出摺痕。

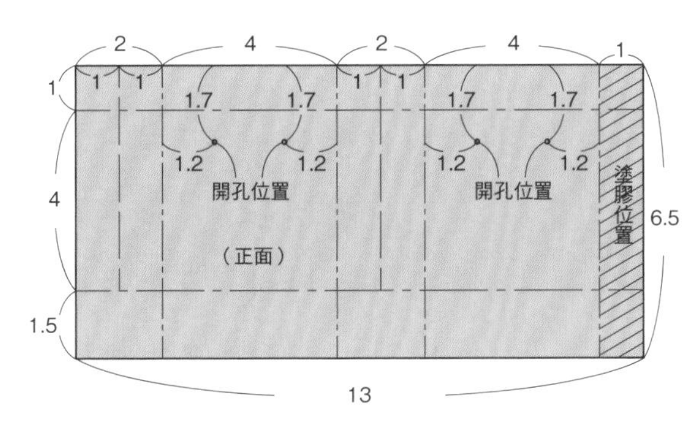

2　**貼合成紙袋外觀**

①沿著上方摺痕摺向紙張背面，以膠水黏合。

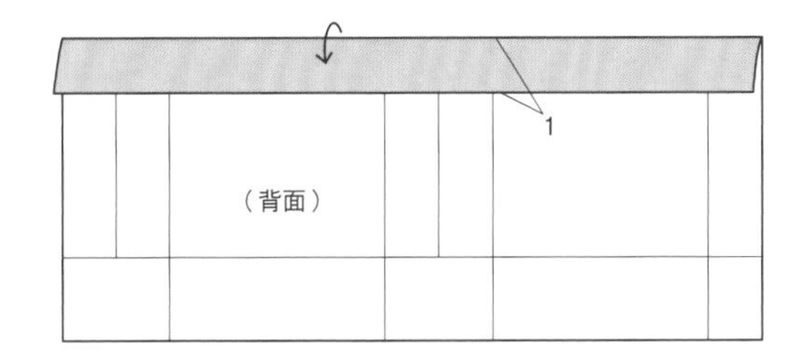

②用打孔機打出小孔。

③沿著縱向摺痕摺起，塗上膠水貼成柱狀。

④下方沿著摺痕依照左右、下、上的順序摺起，以膠水黏合。

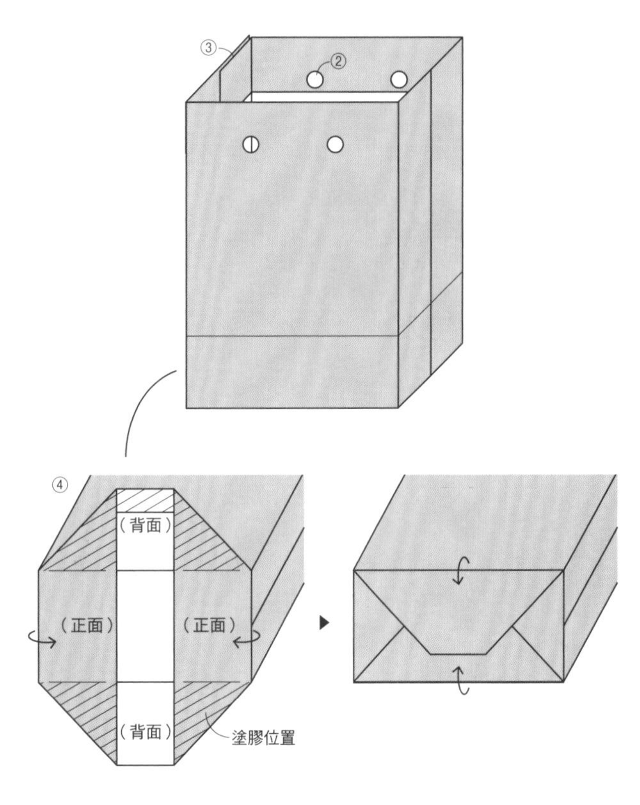

3　緞帶穿過開孔後綁成蝴蝶結。

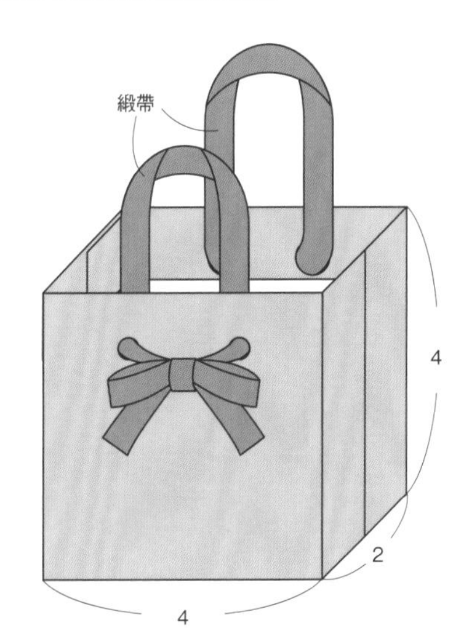

P.21
浪漫羊毛圈紗大衣

實物大小紙型
S・M・L：**P.92**
前身片／後身片／衣袖／衣領

● 材料　＊布面尺寸為橫×縱。

圈紗（粉紅色）…
S：38cm×15cm／M：46cm×18cm／L：50cm×20cm
蕾絲布（白）…
S：35cm×12cm／M：40cm×15cm／L：40cm×20cm
布襯…S：7cm×3cm×2片／M・L：8cm×3cm×2片
直徑0.5cm的按釦…2組

● 製作方式

1 裁剪布料

①在圈紗的背面放上紙型，裁出前身片左右對稱各1片、1片後身片、衣袖左右對稱各1片，以及1片衣領。此為外布裁片。

②在蕾絲布的背面放上紙型，裁出前身片左右對稱各1片、1片後身片以及1片衣領。此為裡布裁片。

2 燙貼衣袖貼邊

①衣袖的正面與布襯的無膠面相疊，沿袖口的完成線縫至兩側的縫份上。

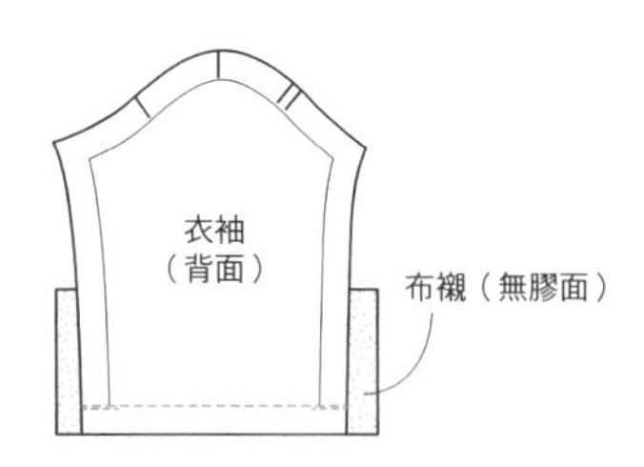

②如圖，裁整布襯的大小。

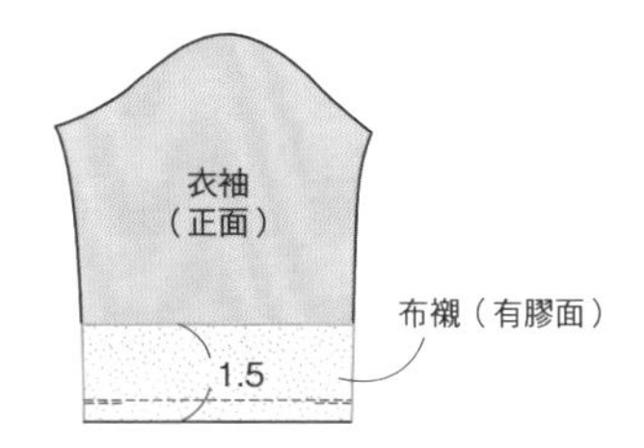

③翻摺布襯至布料背面，以熨斗燙貼固定。為使正面看不見布襯，由邊緣向布料背面再摺進0.1cm左右。

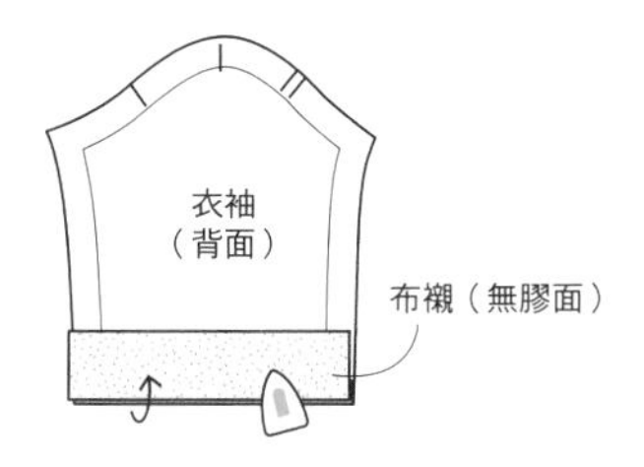

3 縫接外布

①後身片外布與前身片外布正面相疊，縫接肩部後，將縫份向左右分開壓平。

②階段❶的袖籠與衣袖以正面相疊，對準合印記號後縫合。

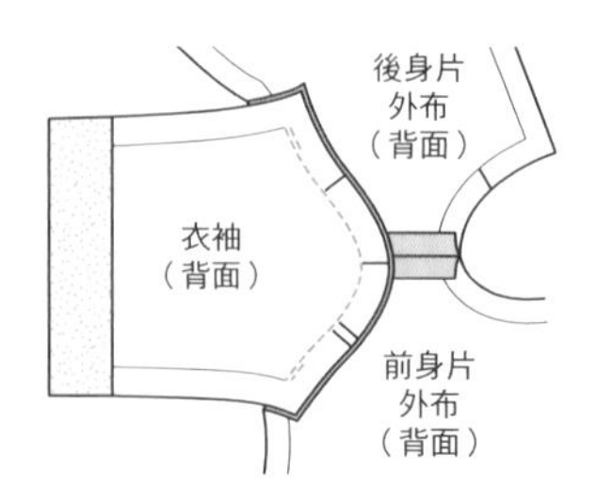

③以P.39「縫合軀幹兩側」階段1～3的方式，縫合衣袖下方至前後身片兩側。縫份帶弧度的部分剪出剪口後，將縫份左右分開壓平。完成外布主體。

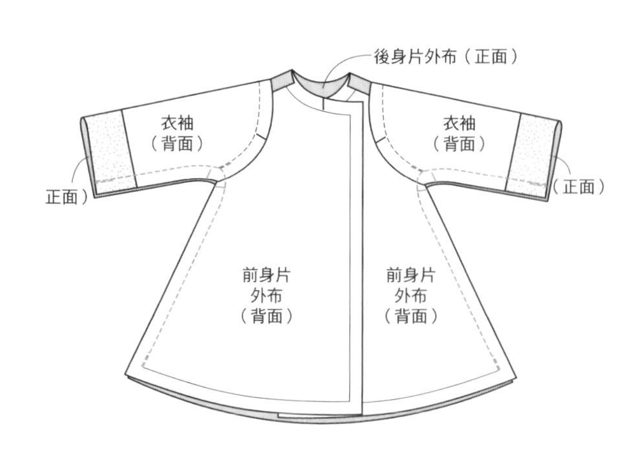

4 縫接裡布

①以階段3中❶的方式縫接後身片裡布與前身片裡布的肩部。

②縫上前、後身片的軀幹兩側。縫份上帶弧度的部分剪出剪口後，將縫份向左右分開壓平，完成裡布的主體。

5 縫上衣領、與主體縫合後完成

①衣領外布與衣領裡布正面相疊縫起。

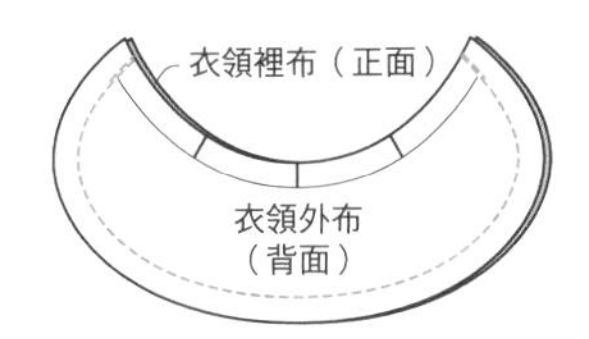

②翻至正面，拉整外形。

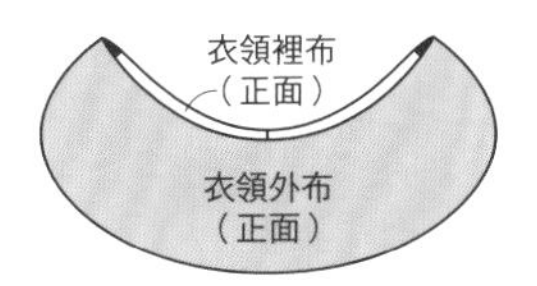

③主體外布正面的領圍與衣領裡布相疊後暫時固定。

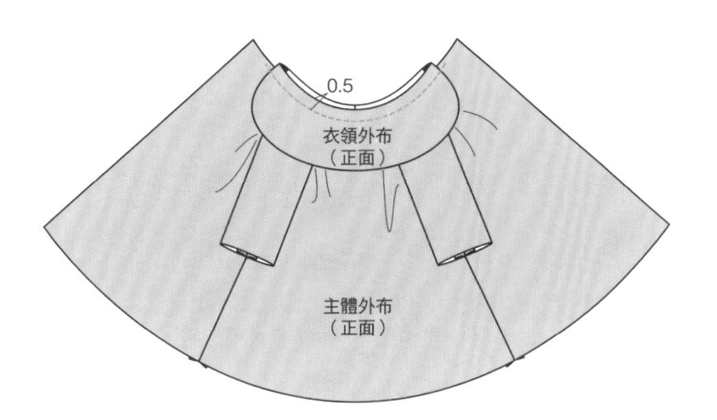

④主體外布與主體裡布正面相疊，如圖所示在領圍部位留下翻摺口後縫合。

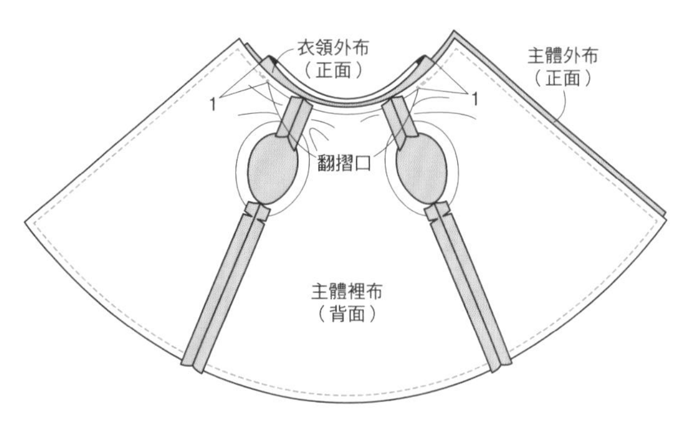

⑤翻回正面後，將翻摺口以斜針縫法縫起。

⑥主體裡布袖籠的縫份摺向布料背面，以斜針縫從主體外布的袖籠側縫起。

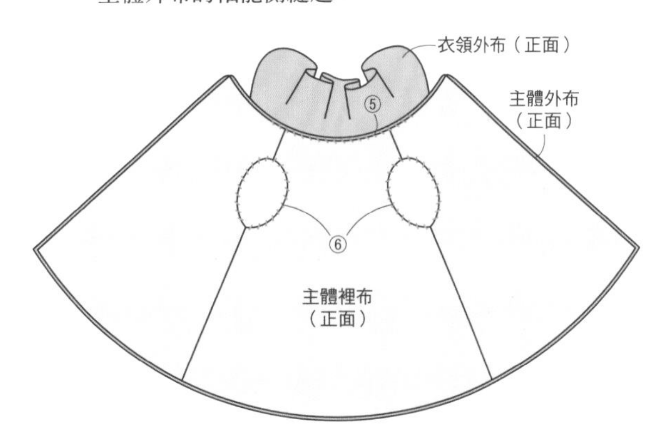

⑦將按釦縫上前身片。可讓娃娃穿上衣服確認後再決定按扣位置。

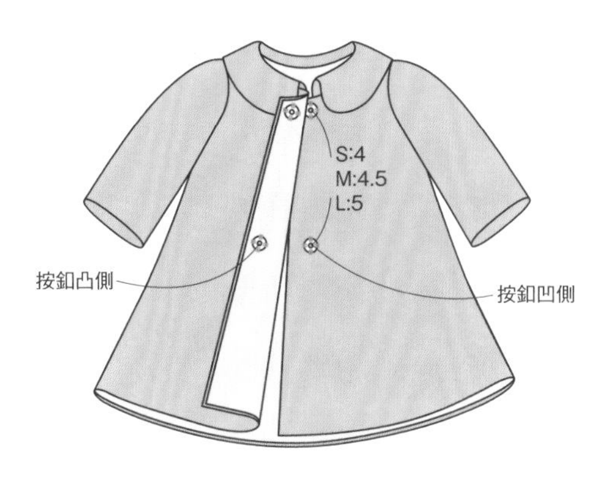

P.23
經典露肩禮服

實物大小紙型
S・M・L：P.93
前身片／後身片／衣袖／裙片

● 材料　＊布面尺寸為橫×縱。

平紋針織布（黑色）…
S：15cm×10cm／M・L：16cm×13cm
記憶塔夫綢（黑色）…
S：23cm×8cm／M：30cm×10cm／L：33cm×11cm
人造皮草（黑色）
衣袖用…S：5cm×3cm×2片／M・L：6cm×3cm×2片
裙擺用…S：22cm×3cm／M：30cm×3cm／L：32cm×3cm
寬度1cm的梯狀蕾絲（黑色）…S：15cm／M・L：18cm
寬度0.2cm的緞料蕾絲（粉紅色）…
S：35cm／M・L：40cm
直徑0.5cm的按釦…2組
寬度0.5cm的雙面膠（如有可備）

● 製作方式

1　在平紋針織布的背面放上紙型，裁出1片前身片、後身片左右對稱各1片，以及1片衣袖，並在記憶塔夫綢的背面放上紙型，裁出裙片1片。各裁片四周做好防散口處理。

2　**衣袖縫上人造皮草**

①衣袖和衣袖用人造皮草正面相疊，沿袖口完成線車縫至兩側底端。

②翻開階段❶，將縫份摺向人造皮草的背面。

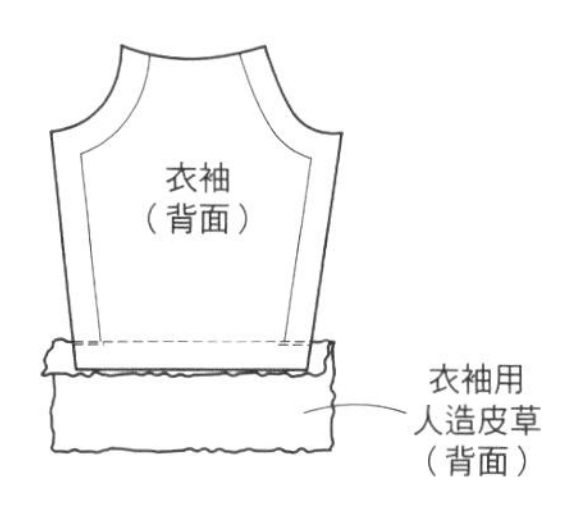

3　**縫接前後身片與衣袖**

①前身片與衣袖正面相疊，縫上袖籠，將縫份向左右分開壓平。

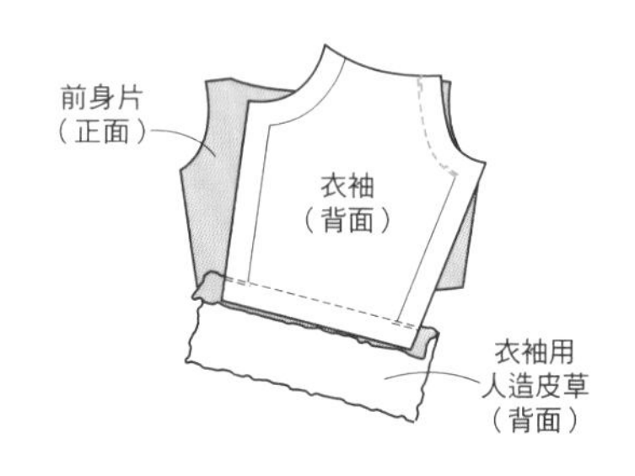

②階段❶與1片後身片正面相疊，縫上袖籠，將縫份向左右分開壓平。

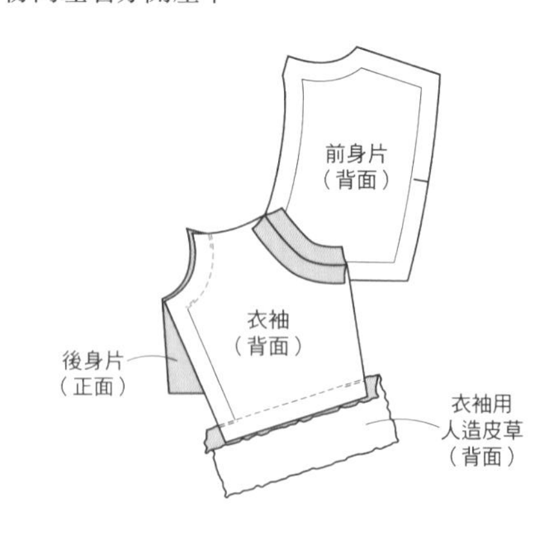

③以階段❶、❷的方式縫接另一側的衣袖與後身片。

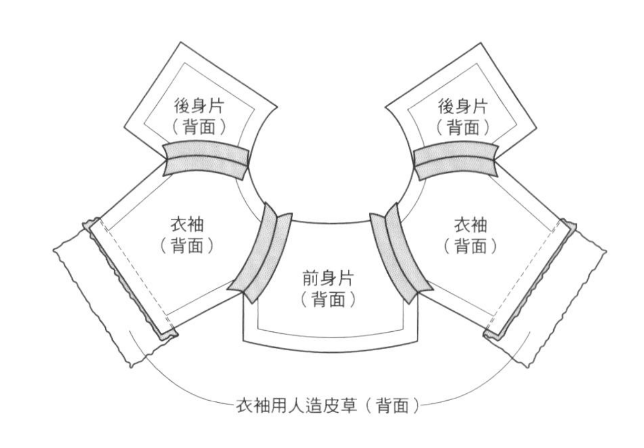

④階段❸的領圈與梯狀蕾絲相疊縫上。

⑤由梯狀蕾絲與後身片中間穿過緞帶（參考P.35「將緞帶穿過蕾絲的時候」），剪下多餘的部分。

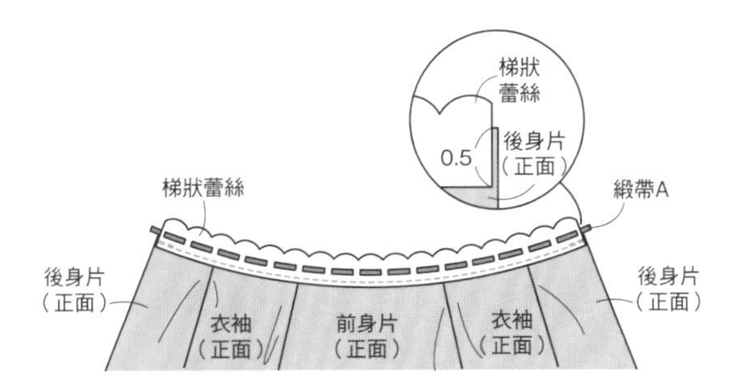

⑥以P.39「縫合軀幹兩側」階段1～3的方式，縫合衣袖下方至前後身片兩側。縫份上帶弧度的部分剪出剪口後，將縫份向左右分開壓平。

⑦袖口的人造皮草摺進衣袖的布料背面，布邊對齊縫接線後以雙面膠固定。沒有雙面膠時，則以斜針縫法縫合。

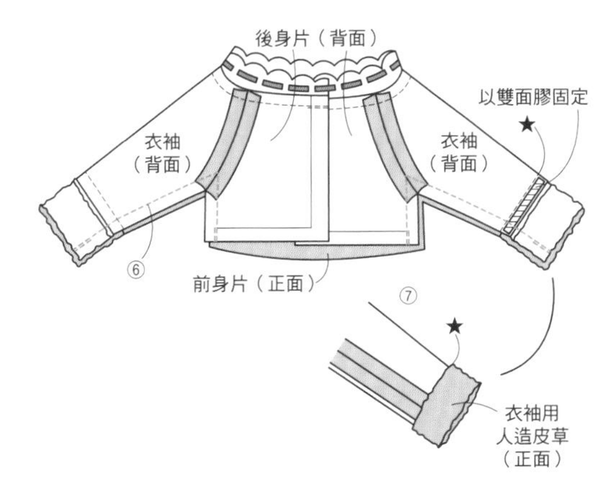

4 縫上裙片即完成

①裙片下方與裙擺用人造皮草正面相疊後縫合。

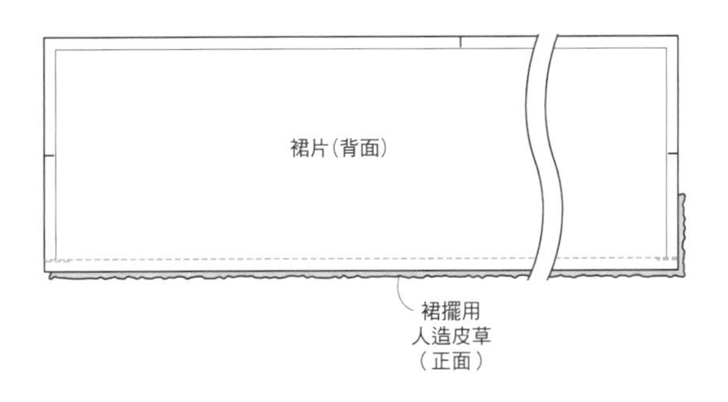

②將階段❶開，縫份摺向人造皮草背面。

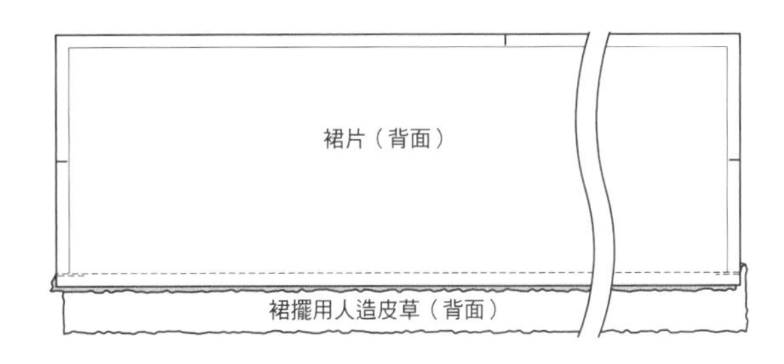

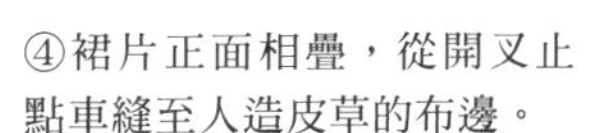

③以 P.41「將裙片縫上身片」階段 1、2 的方式縫接裙片與前後身片。

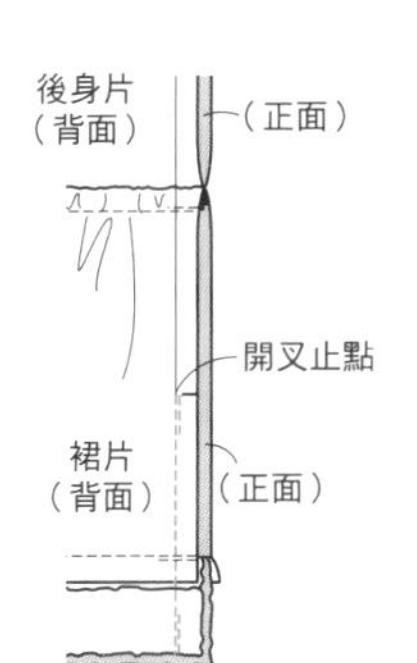

④裙片正面相疊，從開叉止點車縫至人造皮草的布邊。

⑤以 P.41「將裙片縫上身片」階段 5、6 的方式，將縫份左右分開後車縫固定。

⑥在後身片梯狀蕾絲與身片及裙片縫接處下方縫上按釦。可讓娃娃穿上衣服確認後再決定按扣位置。

⑦裙擺用人造皮草摺進裙片背面，邊線對齊階段①的縫接線後，以雙面膠固定。如果沒有雙面膠，則以斜針縫法縫合。

⑧餘下的緞帶對半剪開，綁成蝴蝶結後再縫於肩部的緞帶上。

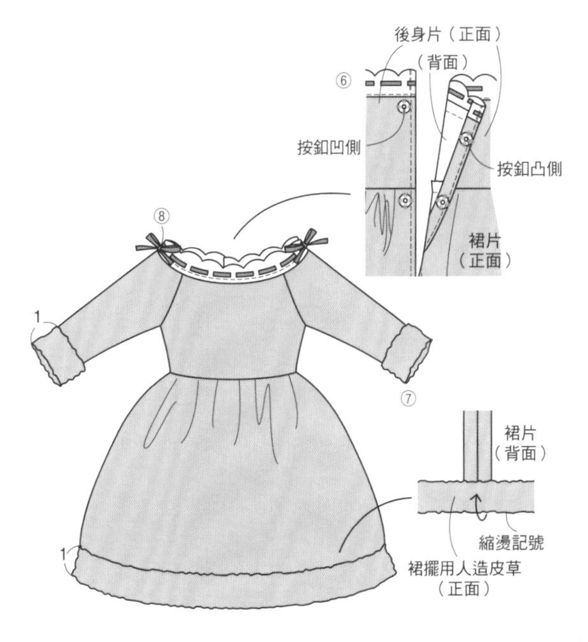

P.23

白色及膝長襪

實物大小紙型
S・M・L：**P.93**

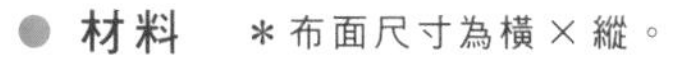

● 材料　＊布面尺寸為橫×縱。

針織布（白色）…
S：12cm×10cm／M：14cm×12cm／
L：14cm×14cm
寬度1.6cm的荷葉邊蕾絲（白色）…
S：10cm／M・L：12cm
厚紙板…按紙型的尺寸

● 製作方式

1　以P.50「條紋及膝長襪」的方式準備紙型。

2　在針織布正面的上方疊上荷葉邊蕾絲縫起。

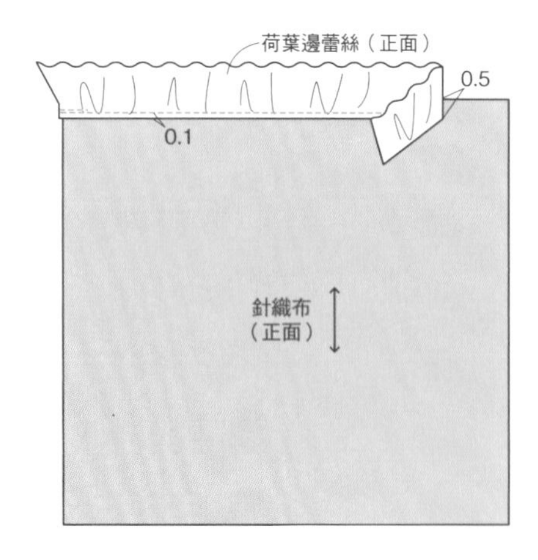

3　以P.50「條紋及長膝襪」階段2〜8的方式縫製。

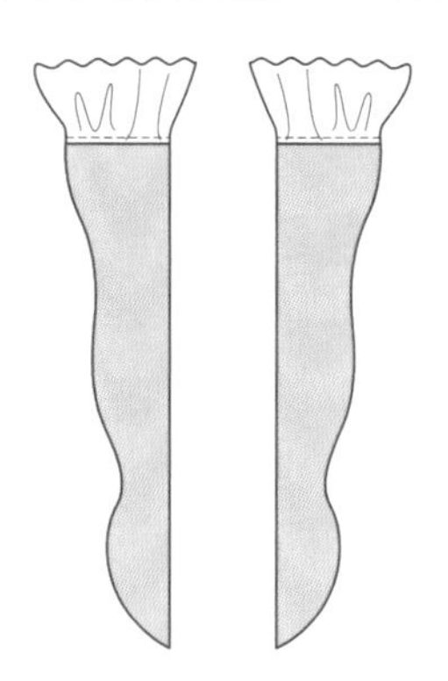

P.25

腰間花飾

● 材料　＊布面尺寸為橫×縱。

緞帶
A 寬度1.5cm的緞料緞帶（紅色）… 7cm
B 寬度0.4cm的天鵝絨絲帶（紅色）… 12cm
C 寬度0.3cm的緞料緞帶（白底銀邊）… 7cm
蕾絲織片（白色）… 2cm×1cm
直徑約1.5cm的人造花（白色／附葉片）… 1個
胸針針扣… 1個

● 製作方式

1　**縫製基座**

①如圖將緞帶摺起相疊，以窄針距（約2㎜）的平針縫法縫合。

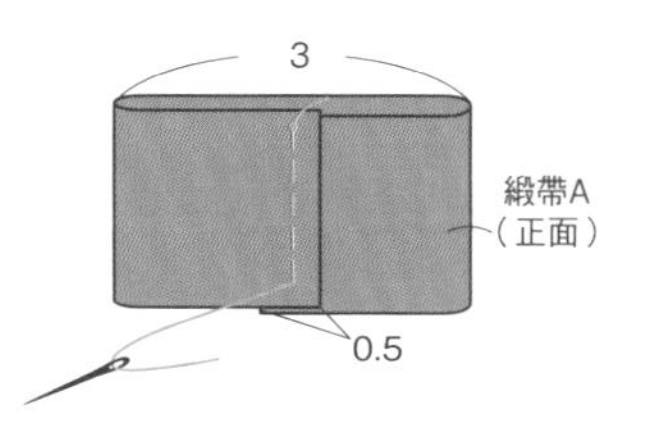

②將中央縫線收緊，並縫上蕾絲織片。此為基座背面。

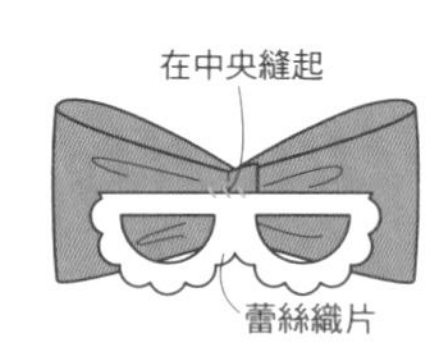

2　**加上裝飾即完成**

①基座翻回正面，中央位置以接著劑貼上人造花。

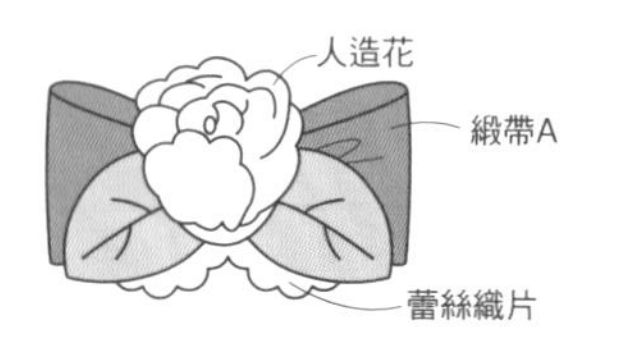

②緞帶B與C綁成蝴蝶結後疊上階段❶成品縫合。如果不好縫，也可使用接著劑黏合。

③在背面貼上胸針針扣，或直接縫在禮服中喜歡的位置上。

P.07,45

小精靈童話馬甲

P.17,72

細緻蕾絲禮服

2件作品的前身片、側片、後身片是共通的

P.07,63

粉紅色燈籠襯褲

P.09,68

裝飾用竹馬

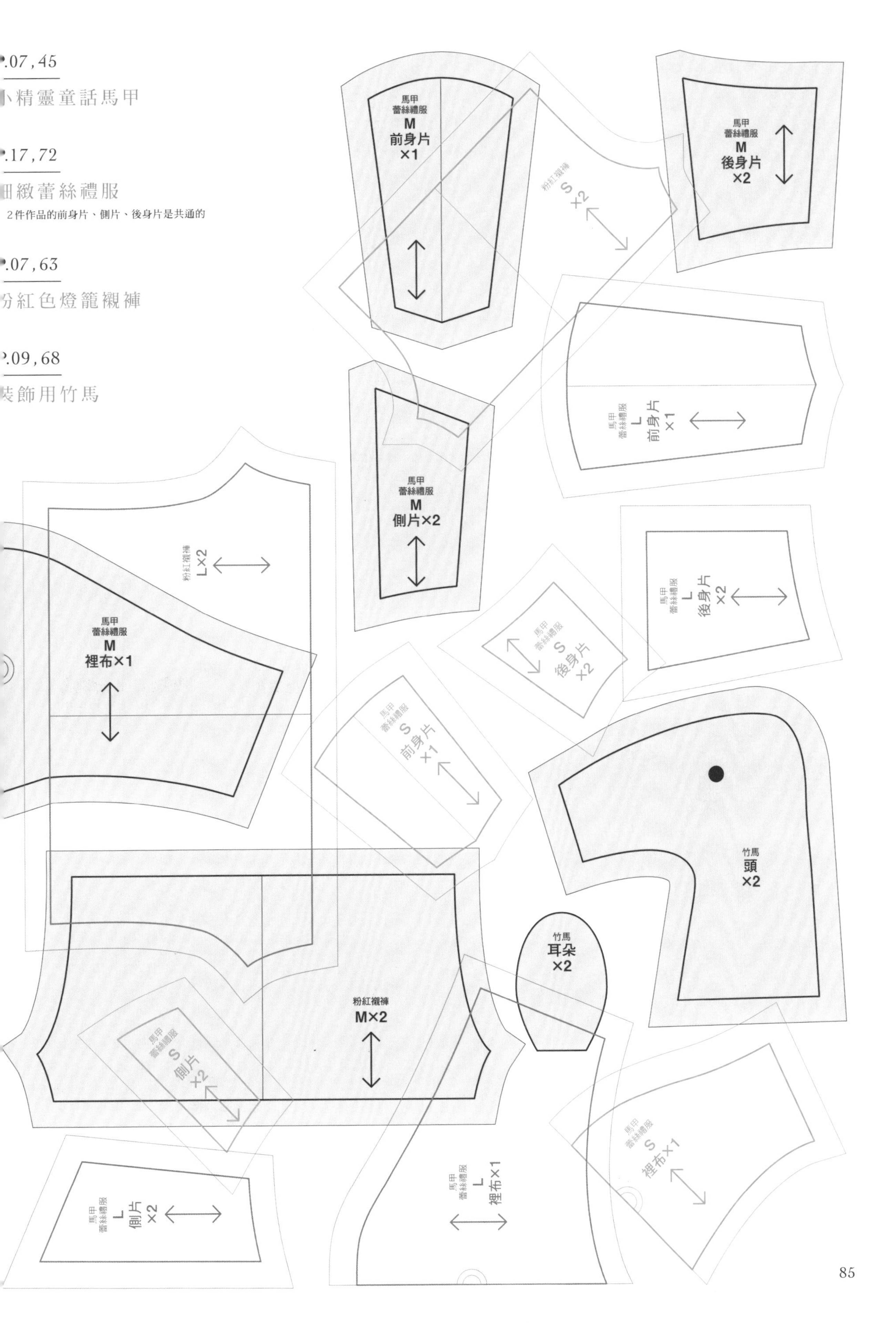

P.09,67

蕾絲立領罩衫

P.11,63

女孩風泡泡袖洋裝

P.13,36

經典愛麗絲洋裝

＊3件作品的前身片、後身片、衣袖、袖口貼邊是共通的

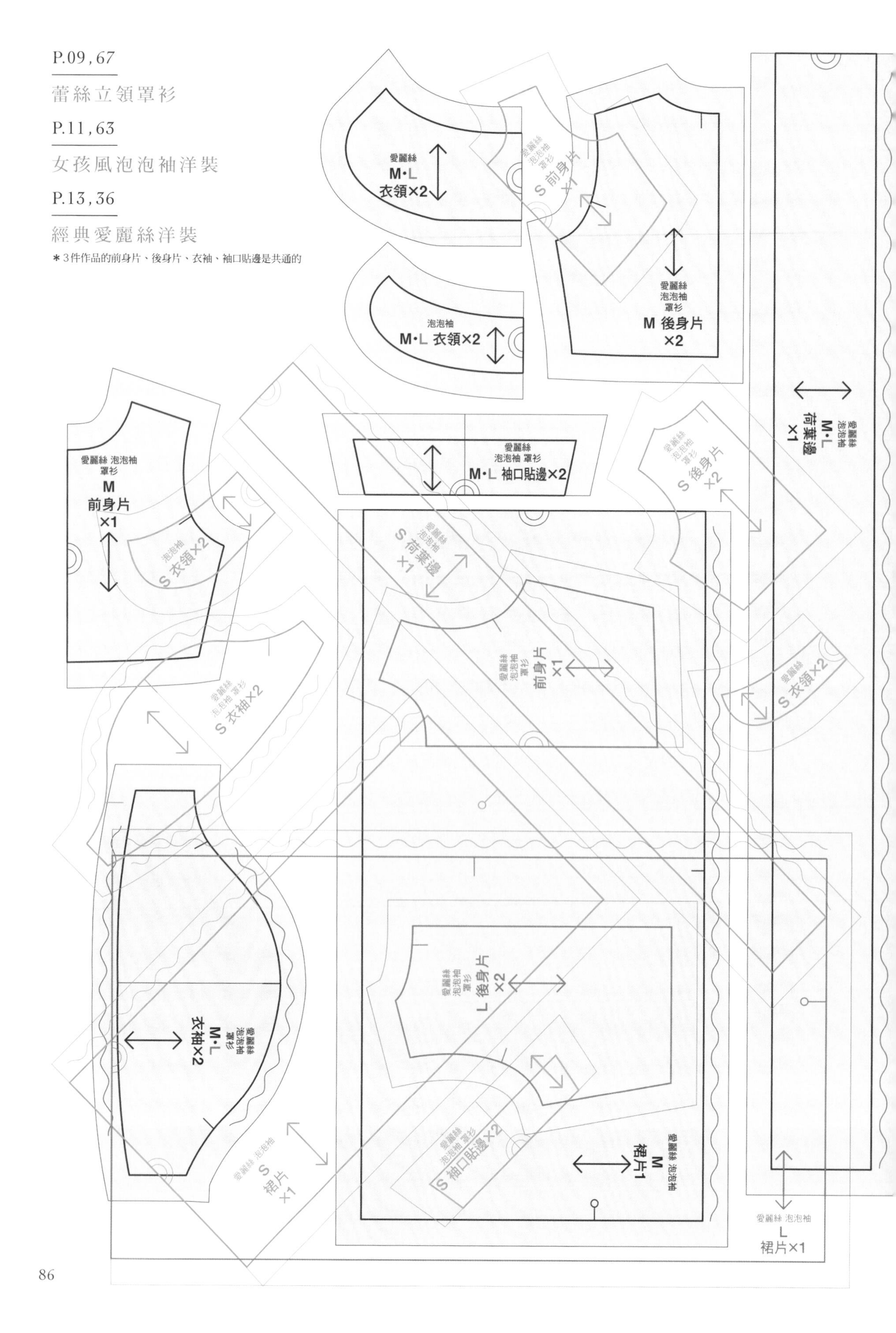

P.11,64

復古風可愛圍裙

P.11,66

連指烹飪手套

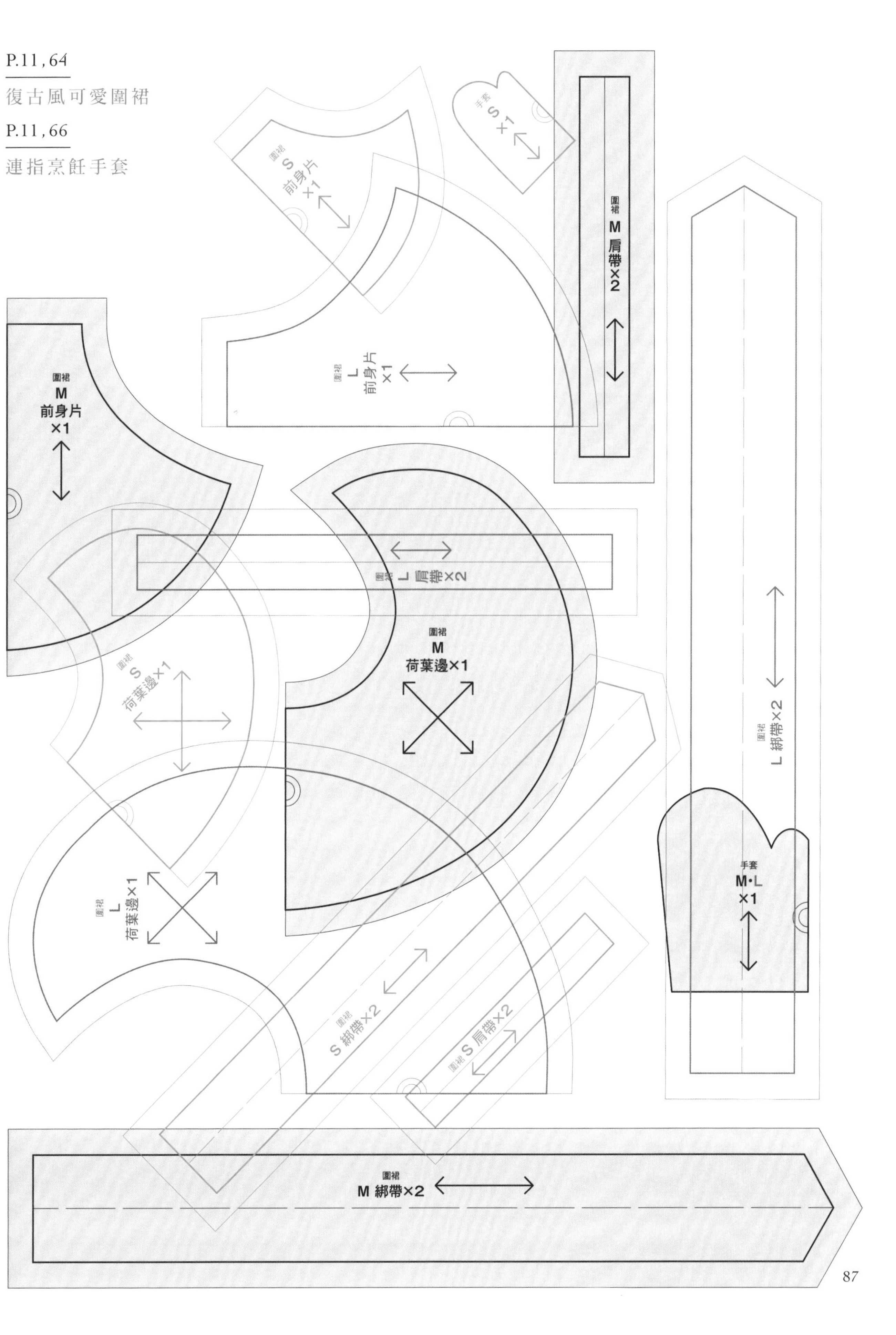

P.13, 42

白色蕾絲圍裙

P.13, 48

白色燈籠襯褲

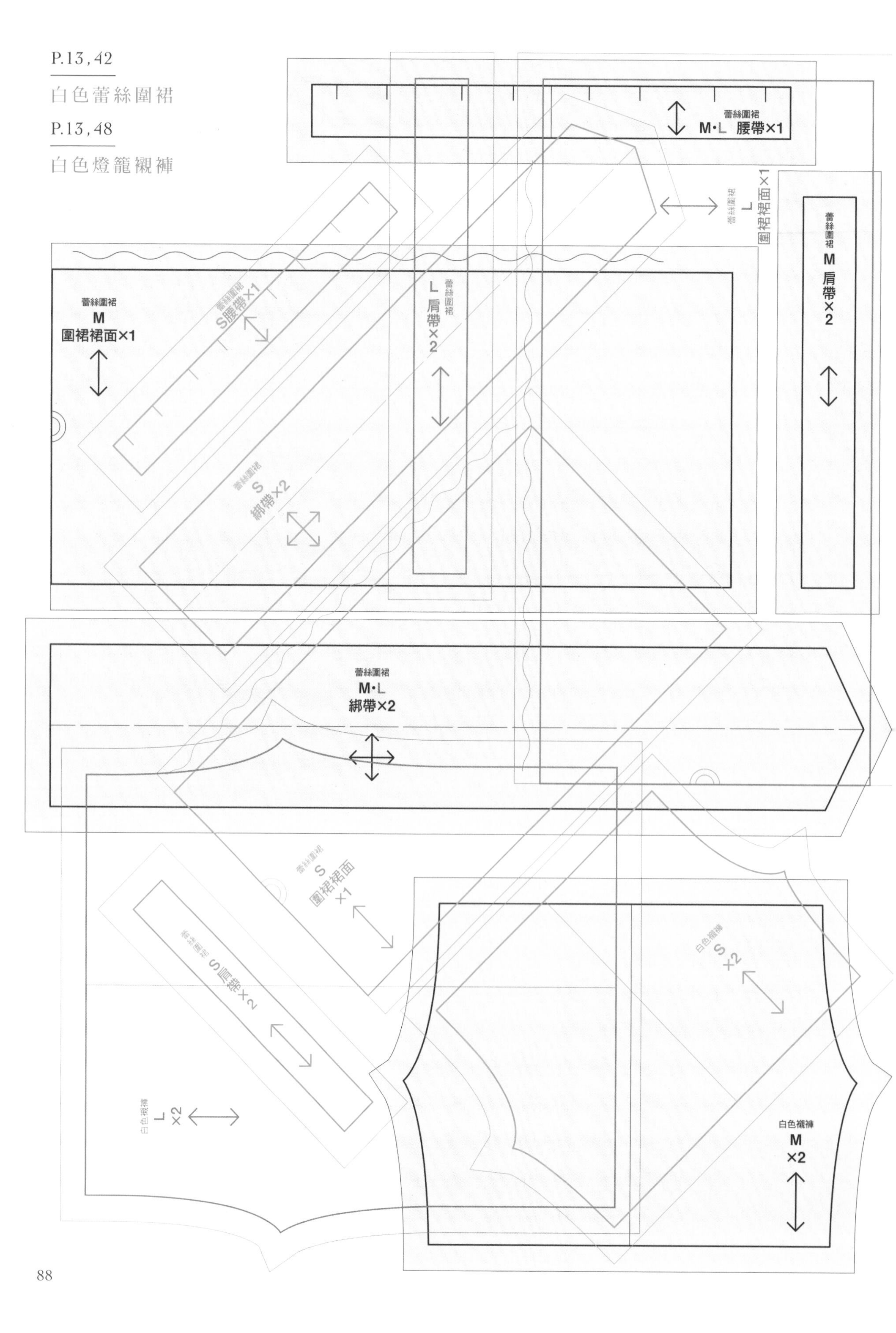

P.15,70

碎花剪裁連身裙

＊將L尺寸的兩片身片★及☆各自對齊，拼成一片使用

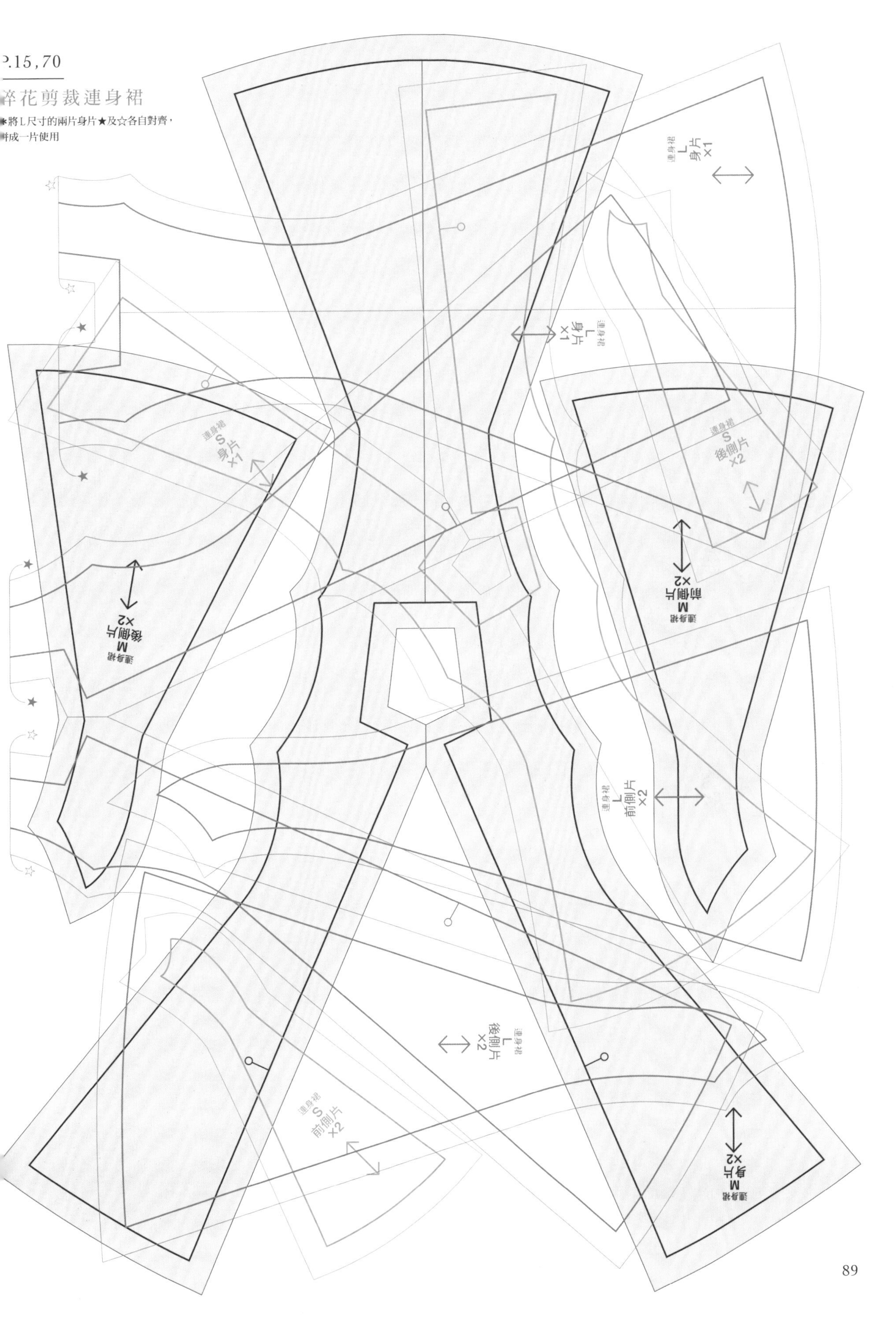

甜美蕾絲睡衣

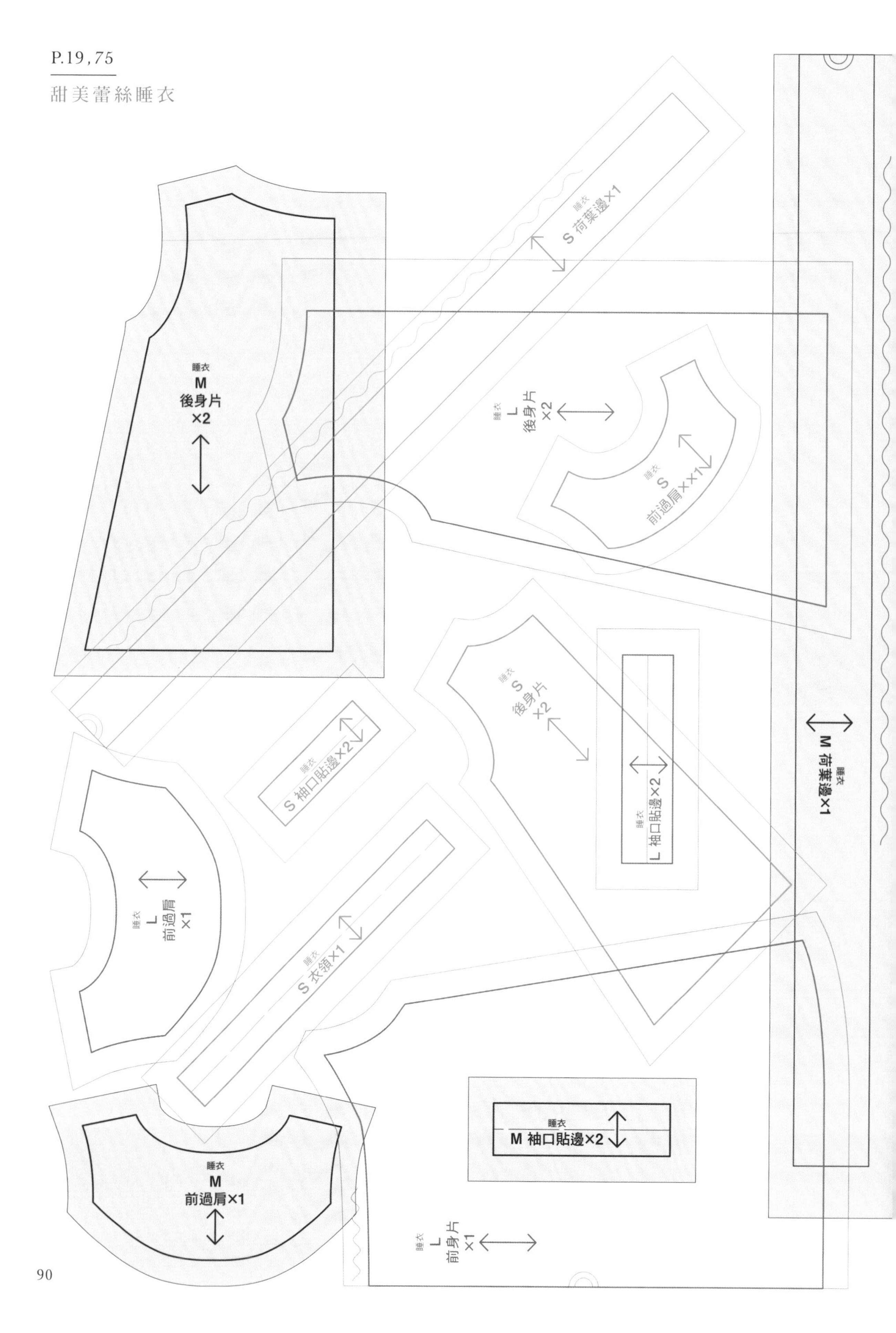
睡衣
M
後身片
×2
睡衣
S 荷葉邊×1
睡衣
L
後身片
×2
睡衣
S
前過肩××1
睡衣
S
後身片
×2
睡衣
L 袖口貼邊×2
睡衣
M 荷葉邊×1
睡衣
S 袖口貼邊×2
睡衣
L
前過肩
×1
睡衣
S 衣領×1
睡衣
M 袖口貼邊×2
睡衣
M
前過肩×1
睡衣
L
前身片
×1

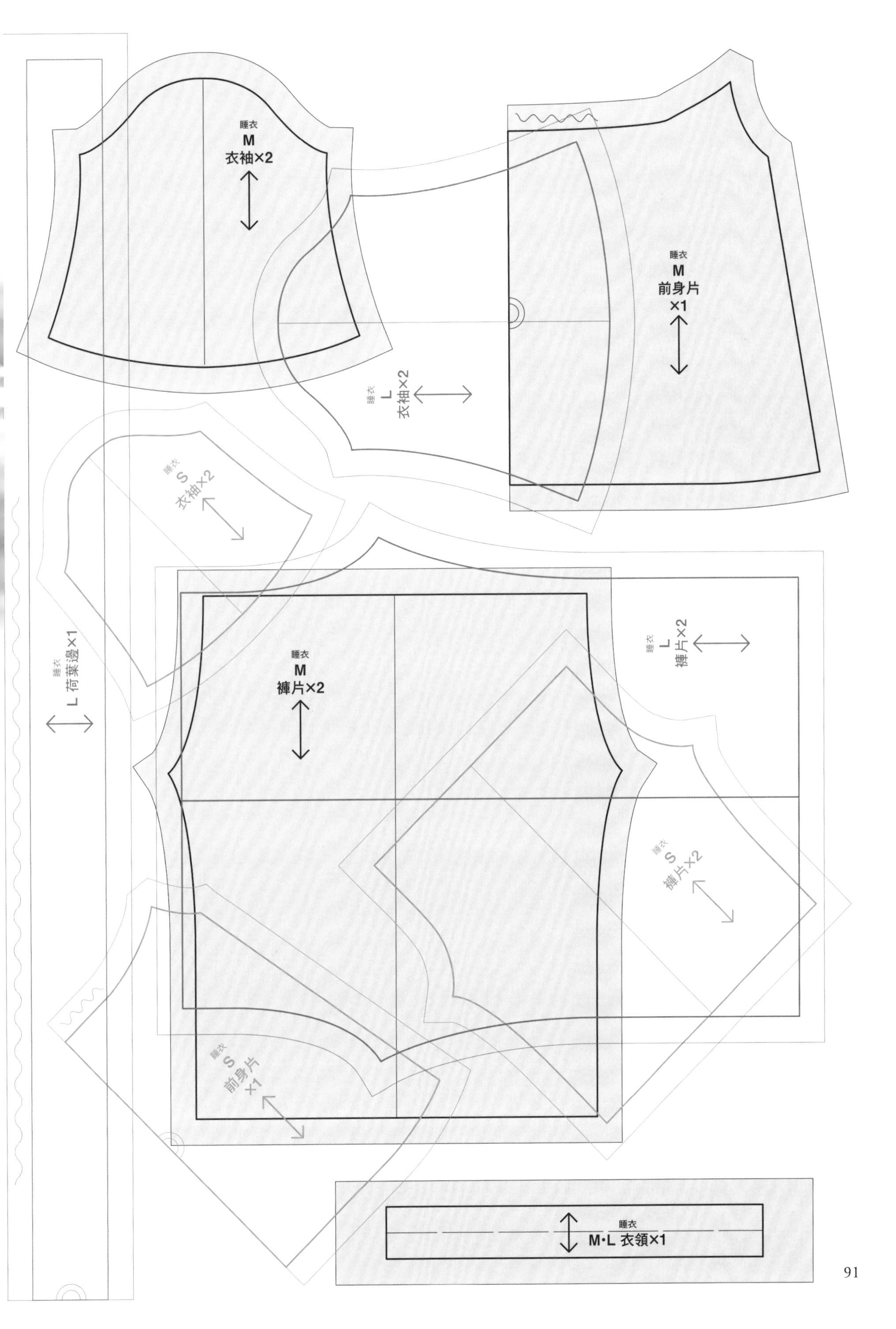
睡衣
M
衣袖×2
睡衣
M
前身片
×1
睡衣
L
衣袖×2
睡衣
S
衣袖×2
睡衣
L 荷葉邊×1
睡衣
M
褲片×2
睡衣
L
褲片×2
睡衣
S
褲片×2
睡衣
S
前身片
×1
睡衣
M·L 衣領×1

P.21,80

浪漫羊毛圈紗大衣

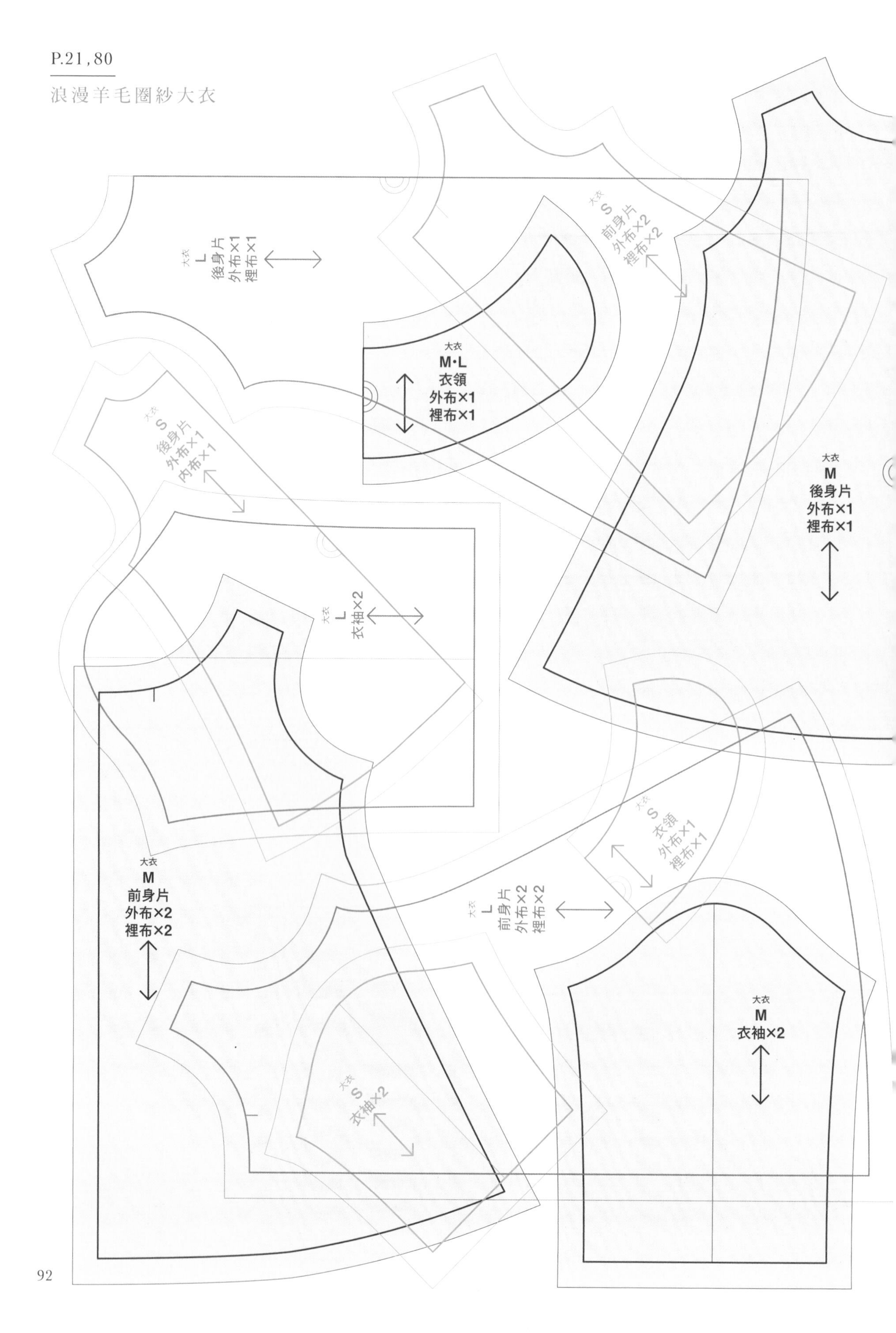

P.23,82

經典露肩禮服

P.13,50　P.23,84

條紋、白色及膝長襪

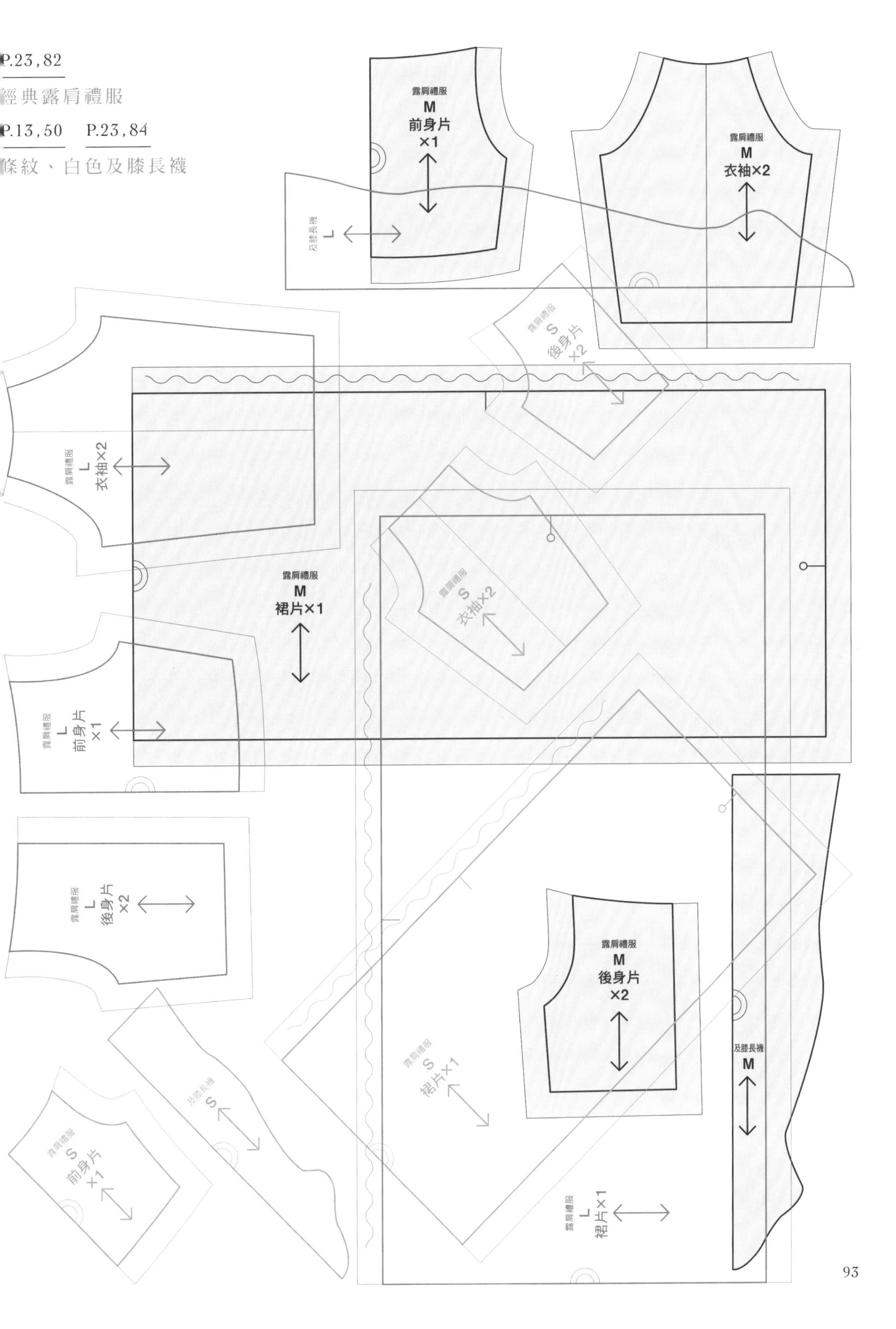

P.25,56

閃亮澎裙小禮服

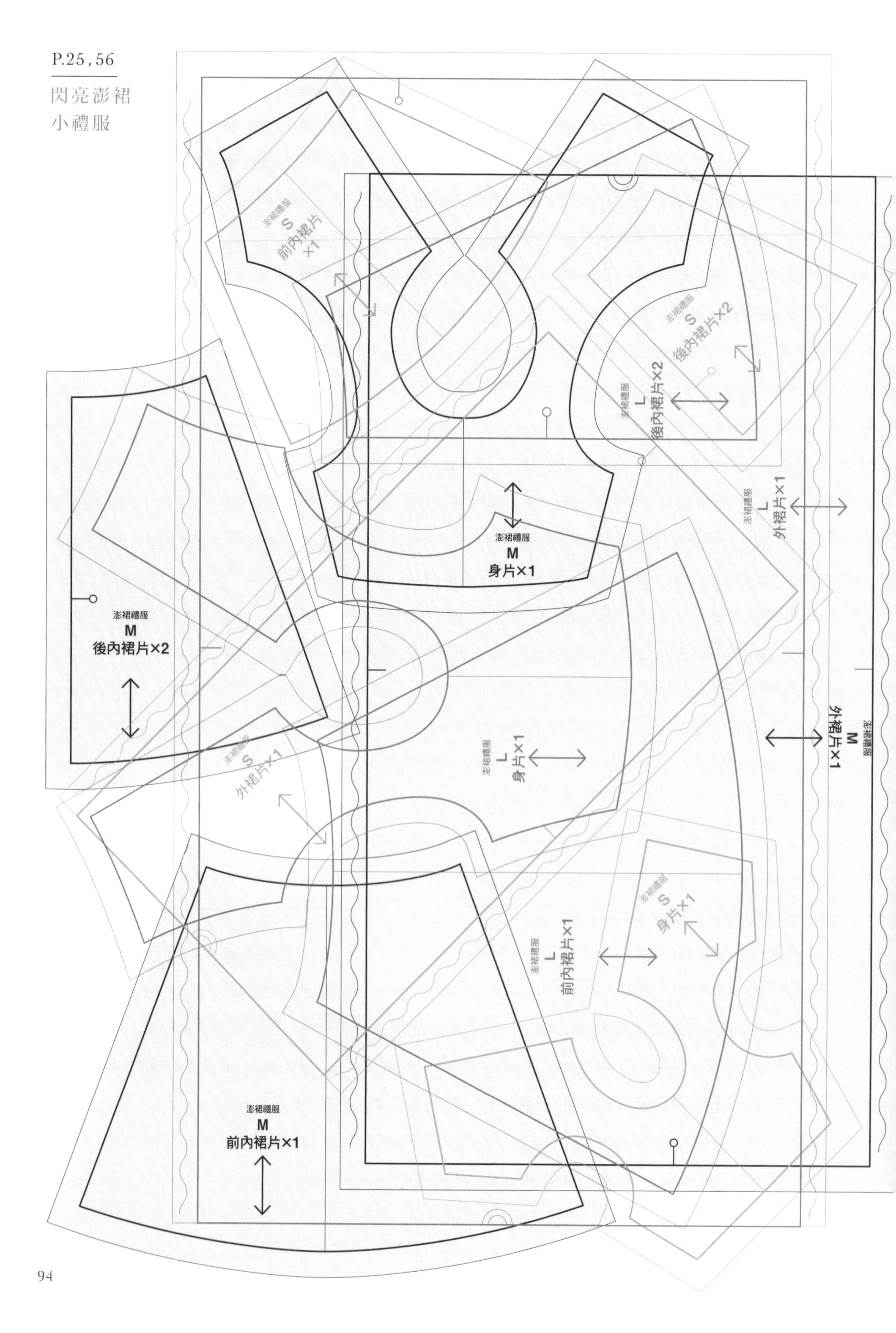

P.09, 52

荷葉邊吊帶褲

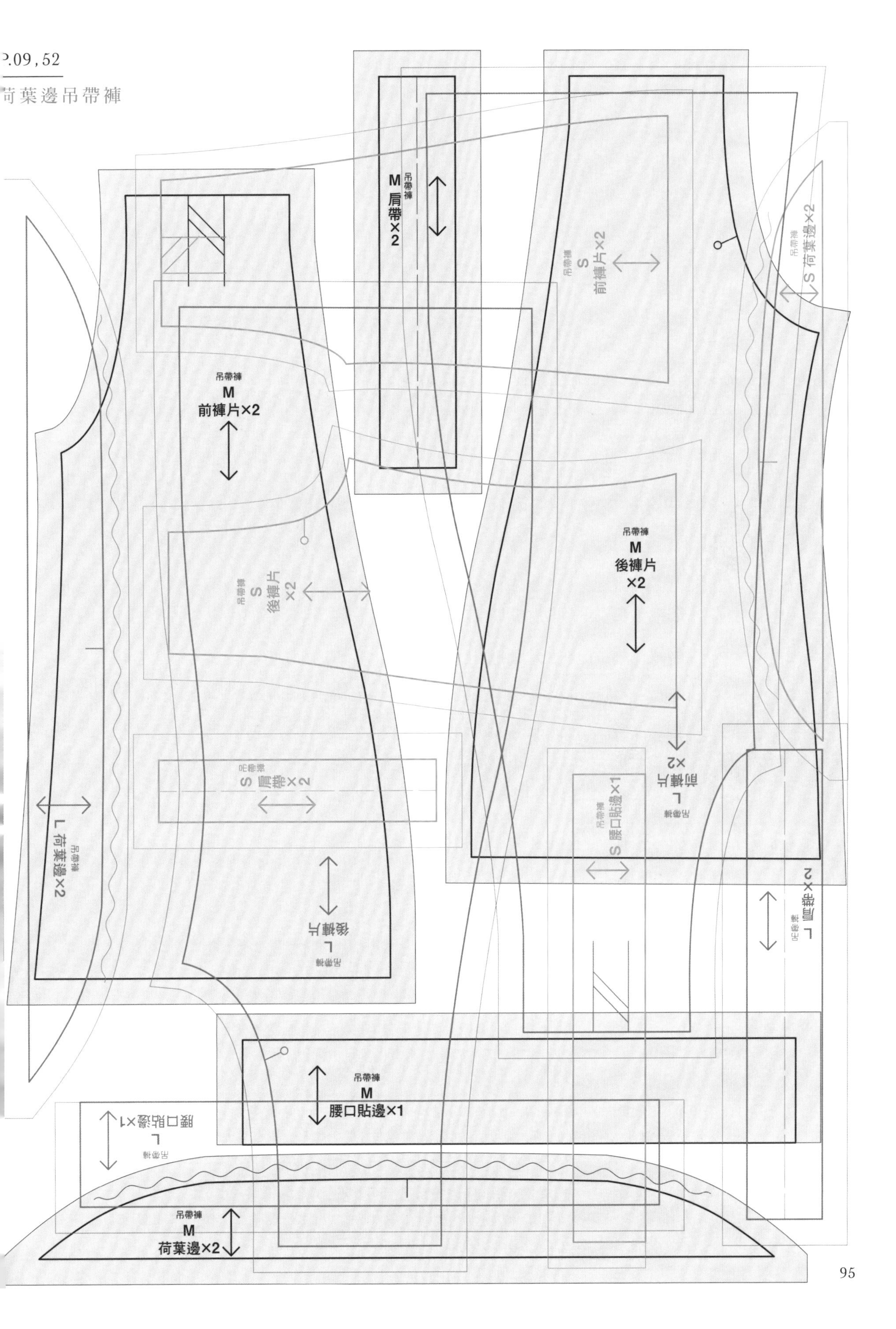

F4*gi

以「Fantastic（夢幻）」、「Fascinating（魅力）」、「Fabulous（出類拔萃）」的小物創作，
呈現出夢幻世界的樂趣與精彩，並以各種形式傳達給眾多世代的人們。基於對社會貢獻的強烈信念，
集結了跨越世代與領域的「February（二月誕生）」專業創作團隊。

クライ・ムキ
（倉井美由紀）**feb.11**

認為任何人都能夠輕鬆學會並享受裁縫。除了私人裁縫教室之外，出版多達100本以上的書籍，並參與多項縫紉機及裁縫用品的企畫、研討講座等，活躍於多元領域。可說是引領日本手作界的先驅。

http://www.kurai-muki.com

erieri
（畑中江里）**feb.26**

傾心於手作、烹飪、攝影、生活風格……等，作品帶著典雅又溫柔的氛圍，也是作者本人的寫照。企畫攝影集以及販售商品都十分受到歡迎，從事網頁設計的同時，365天都幸福地創作著。

http://www.eris-style.com

kei
（遠藤惠子）**feb.18**

服飾學校畢業，在高級訂製服領域實績累累，現為業界活躍的自由打版師。不論是女裝、童裝、寵物服飾、娃娃服飾等各領域皆有涉獵，甚至跨足訂製服的製作。特別擅長荷葉邊設計的成熟可愛風格，用作品緊緊抓住少女心。

http://instagram.com/kei_petits_pois

Saori
（花森さおり）**feb.19**

品牌Time for Princess（jewelry & apparel）的經營者。獨特的Princess Mind兼具格調與自由風格，醞釀出優雅又可愛的世界觀，也編織出眾多療癒話語與生活風格，是擁有廣大粉絲的創作者。

http://www.saorihanamori.com

DOLL OUTFIT STYLE
可愛娃娃服飾裁縫手藝集

出　　版／楓書坊文化出版社
地　　址／新北市板橋區信義路163巷3號10樓
郵政劃撥／19907596 楓書坊文化出版社
網　　址／www.maplebook.com.tw
電　　話／02-2957-6096
傳　　真／02-2957-6435
作　　者／F4*gi
翻　　譯／顏嘉芯
責任編輯／謝宥融
內文排版／楊亞容
總 經 銷／商流文化事業有限公司
地　　址／新北市中和區中正路752號8樓
網　　址／www.vdm.com.tw
電　　話／02-2228-8841
傳　　真／02-2228-6939
港澳經銷／泛華發行代理有限公司
定　　價／380元
出版日期／2018年11月

國家圖書館出版品預行編目資料

DOLL OUTFIT STYLE可愛娃娃服飾裁縫手藝集 / F4*gi作；顏嘉芯譯. -- 初版. -- 新北市：楓書坊文化, 2018.11
面；　公分

ISBN 978-986-377-424-2（平裝）

1. 洋娃娃 2.手工藝

426.78　　107014843